知乎
有问题 就会有答案

DON'T
CHALLENGE
HUMAN NATURE

潘楷文 / 著

不要挑战人性
2

重塑天性的
12个经典实验

台海出版社

图书在版编目（CIP）数据

不要挑战人性.2,重塑天性的12个经典实验/潘楷文著.--北京：台海出版社,2024.2
ISBN 978-7-5168-3763-4

Ⅰ.①不… Ⅱ.①潘… Ⅲ.①实验心理学—通俗读物 Ⅳ.① B841.4-49

中国国家版本馆 CIP 数据核字 (2023) 第 246440 号

不要挑战人性.2，重塑天性的12个经典实验

著　　者：潘楷文	
出 版 人：蔡　旭	封面设计：璞茜设计
责任编辑：吕　莺　李　媚	

出版发行：台海出版社
地　　址：北京市东城区景山东街 20 号 邮政编码：100009
电　　话：010-64041652（发行、邮购）
传　　真：010-84045799（总编室）
网　　址：www.taimeng.org.cn/thcbs/default.htm
E - mail：thcbs@126.com

经　　销：全国各地新华书店
印　　刷：三河市兴博印务有限公司

本书如有破损、缺页、装订错误，请与本社联系调换

开　　本：889 毫米 × 1194 毫米	1/16
字　　数：280 千字	印　　张：18.75
版　　次：2024 年 2 月第 1 版	印　　次：2024 年 2 月第 1 次印刷
书　　号：ISBN 978-7-5168-3763-4	

定　　价：68.00 元

版权所有　翻印必究

推荐序

什么是人性？这是一个深邃而充满哲思的命题。

人性，就是人之所以为人的特质，我们所拥有的精神和情感的本质。

正如本书作者在其第一部作品《不要挑战人性：史上20个经典人性实验》中所述，人性绝不是一个简单的词汇，它是一个多维的概念，涵盖了情感、道德、欲望、理智和自我认知等各个方面；这些不同的方面、不同的维度，可以依情境的不同而对个人的行为产生时刻变化的作用。但这些随时可能发生变化的维度又组成、整合成相对稳定的心理、情感、行为的一般性规律。

那么，人性能否被挑战呢？

人性即规律，符合规律即为天道，逆天行事可能会带来不可预测的灾难。

从这个角度讲，人性是不能，也不该被挑战的。

在《不要挑战人性》这本书中，作者想告诉我们的是，人性是一门科学，有规律可循。

人性来自我们的大脑，来自我们的内心世界；而打开这扇大门的钥匙，就是心理学、认知科学。

心理学家们通过设计实验、操纵因果关系、建立数学模型，来探索人的心灵，深入了解人的思维、情感和行为的规律。然而，许多优秀且震撼人心的心理学实验，由于理解门槛较高，往往只停留在心理学教科书中，这些内容其实应该走向中小学校园、走向家庭、走向社会，让心理学实验背后的逻辑、真实的发现为更多的人所认知和理解，让心理学真正能够"滋养"全社会，丰富人们的精神世界。

这本书的作者潘楷文，是一位优秀的心理学科普作家。他具备扎实的心理学理论功底，专业的心理学教学与实践能力，同时又能用通俗易懂的语言为大众解读心理学专业内容，将复杂的心理学理论娓娓道来，以大众的视角让人们能更好地理解心理学。

与第一部作品不同的是，作者在这一部作品中集中探讨了人类的学习心理，从心理学发展历史的角度，探讨了人类学习本质的问题；从脑科学与心理学研究的交叉，追溯了人类记忆研究的艰难历程。书中众多的内容，值得读者品味。

这些内容同样也值得为人父母的读者阅读。孩子要想成长好、发展好，父母的教育一定不要去挑战孩子的人性，不能逆着规律来，否则，不但会毁了孩子的学业，更会毁了孩子的人生。

希望您能够跟随作者，一同踏上这场充满启发和挑战的心灵之旅，深刻理解人性的多维性和规律性，探寻人类内心的奥秘。

周晓林

剑桥大学实验心理学系博士、华东师范大学心理与认知学院院长

自 序

终于完成了最后一篇稿子，一直悬着的心也踏实了许多。

回想将近一年的创作时间，内心不禁感慨万千。这本书经过整整一年的旅程，才走到了今天，这一路走来，真心感到不容易。因为这是一个充满汗水、思考和探索的旅程，我徜徉在心灵的海洋中，探索学习中的奥秘，思考人类的认知过程，感受着心理的起伏与洗礼。如今，我站在这里，怀着一颗感恩的心，想要与您分享这段旅程的感受和心得。

这本书，不仅是一本关于学习心理的科普读物，更是我对心理学的热爱与探求的结晶。在书中，我感觉自己仿佛是一位导游，正带着您漫游在心理学的历史长河中，从行为主义到认知学派，从人本主义到当今的脑科学，一路走来，我会突然有一种释然的感觉：原来人类的学习是这样的！

在本书的前三章，我们首先将探讨人类认知和学习的核心功能，那就是"记忆"。记忆是怎么回事？我们是如何记住东西的？从艾宾浩斯的记忆曲线到弗雷德里克·巴特利特的"幽灵之战"实验，从生理心理学家卡尔·拉什利的"逃脱迷箱"实验到怀尔德·彭菲尔德的"人脑清醒手术"，从布伦达·米尔纳研究 H.M 的案例，再到埃里克·坎德尔的海兔系列实验，详细梳理记忆研究的历史，系统地讲述了记忆研究者是如何发现、提出、论证并最终揭秘记忆本质所走的艰难历程。

第四章到第六章，我们将探讨人类学习本质的问题，那就是"被动学习—主动学习—主动建构"这样的一个历程。从巴甫洛夫的系列实验和华生的小阿尔伯特实验，再到斯金纳的操作性条件反射实验，我们从行为主义学习理论的角度来探讨学习本质；接着，我们从唐纳德·赫布神经传导机制的发现，来讨论多巴胺的神经机制，最后一直到了皮亚杰的认知发展理论及其实验，比如三山实验、客体永久性实验、守恒实验等，将学习机

不要挑战人性 ❷

制从行为拓展到认知层面，强调学习是认识事物与事物之间的关系；之后，我们将介绍托尔曼通过一系列的"小白鼠走迷宫"实验，了解了"认知地图"，并详细阐述皮亚杰所提出的"认知图式"。杰罗姆·布鲁纳通过人工概念形成实验，阐述了"认知结构"的功能，将学习这件事，从行为层面，一直贯穿到认知深层结构。

随后，我们通过乌尔里克·奈瑟尔的"黑猩猩传球"实验，解释注意力的认知加工机制，以及我们如何运用注意力，才能达到契克森·米哈赖所说的"心流状态"。我还将通过约瑟夫·辛格的"狼孩"案例和凯洛格的"猩猩孩子"实验，详细讲述乔姆斯基关于语法生成结构的系列实验，解释人类的"语言习得机制"。

当然，我们人类有个特殊能力，那就是创造力，在第九章中，我们将通过沃尔夫冈·柯勒的"猩猩顿悟"实验，来探讨创造力的本质和产生机制，尤其是产生创造力的前提是"匮乏性需要"得到满足的过程。

在第十章中，我们将主要讲述"俄狄浦斯情结"，因为这一情结，是阻碍我们走向卓越与成功，妨碍我们产生创造力的一块绊脚石。

在探讨完学习的本质之后，还有一个重要议题，那就是学习的过程要想顺利实现，必须要满足一个前提，即情感发育完整、人格健全，否则孩子是要出问题的，孩子出了问题，就谈不上学习和发展了，这就是第十一章和第十二章。通过"小猫视觉剥夺"实验，说明人类心理发展存在"关键期"，而孩子人格发展同样存在关键期，这就是母婴依恋关系的存在。接下来，我们将详细梳理依恋研究的历史，讲述鲍尔比和安斯沃思等研究者如何发现、提出、论证，并最终确立婴儿期关系品质深刻影响其日后的情感与人格发展这一观点的艰难历程，特别是我详细描述了安斯沃思的"陌生人情景"实验，解释了为什么孩子要想成长与发展，健康的关系模式是前提条件。

要知道，这本书绝不仅止于学术探讨。我深知，在今天的社会，学习已经成为一种无形的压力，挑战着我们的心理与耐力。尤其是那些为人父母的朋友，常常陷入过度焦虑和担忧之中，忽略了孩子的天性和人性。我想要通过这本书，唤起人们内心最柔软的共鸣：学习应该是一种愉悦的体

自序

验，一段追求独立和自我的心灵之旅，而不应该成为痛苦的负担。这也是我想创作此书的初衷，希望家长们能够尊重孩子的心理成长规律，聆听他们内心的声音，顺应孩子的天性，尊重、理解孩子的心灵世界。我将引导父母以一种更加温和的方式，陪伴他们走过学习的岁月，让他们在追求知识的路上收获自信与坚持，让学习成为一种快乐的探索，一段自我的成长之旅，让孩子拥有一个健康、阳光、快乐的童年。

当然，这本书的创作过程并非一帆风顺，充满了挑战与艰辛。我还清楚地记得，那些夜晚，我在灯下书写，思考，时而陷入焦虑，时而挣扎于拖延。每一个章节的完成，都是一次心灵的洗礼，一次对于自己内心坚持的证明。在这个过程中，我不仅要面对心理上的难题，还要管理好时间，克服内心的困惑。正是这些挑战，让我更加深刻地理解了学习的本质，学习就是一种与自己的对话，是对于内心的不断探索与领悟。

在这里，我要由衷地感谢所有支持我完成这本书的人们。感谢我的家人，是你们在我迷茫的时候，给予了我坚定的信念和无私的支持；感谢我的朋友，是你们在我遇到困难时，伸出了友情的援手；感谢我的读者，是你们的关注与鼓励，让我走得更加坚定与勇敢。没有你们的陪伴，就没有这本书的完成。

当然，我要特别感谢南名俊岳先生，您不仅陪我走完了第一本书的创作历程，还默默支持我完成了第二本书的创作。在这过程中，您付出了太多太多，就是为了能给读者一份满意的答卷，这是一份非常难得的担当，向您致敬。

最后，我想对各位读者说，学习从来都不只是一条笔直的道路，而是一段充满曲折和惊喜的旅程。愿这本书成为您的心灵指南，引领您在学习的海洋中驶向成功的彼岸。愿我们都能够怀揣着对知识的渴望，以及对自己内心的敬畏，不断前行，不断成长。愿这本书能够陪伴您，在追求知识的道路上，给予您力量和启示；也愿您在教育孩子、引导他们学习的过程中，能够保持一颗宽容的心，用爱去滋养他们的成长。

愿每一个读者，都能在书中找到属于自己的那份共鸣，从而在生活的舞台上，谱写出属于自己的精彩旋律。

目 录

01
从"遗忘曲线"到"幽灵之战",再到"人脑清醒手术":
记忆是什么?它在哪里?

第一个能定量的记忆实验 / 002
进阶的"幽灵之战" / 007
大脑破坏者 / 012
人脑清醒手术 / 016

02
神奇的海马体:
"职业病人 H.M."破解记忆密码

被"治疗"的亨利 / 023
找到亨利的米尔纳 / 026
亨利的"五角星"实验 / 029

03
功不可没的"海兔实验":
揭秘记忆的本质

海兔研究和"情绪启动"实验 / 034
记忆的提取 / 039
记忆的"情绪启动" / 043
如何提高记忆提取的效率 / 048

04
从"巴甫洛夫的狗"到"斯金纳的鸽子"：
了解学习的初级阶段

初始学习：刺激 – 反应 / 059
被动学习：将环境刺激形成经验 / 060
情绪学习：形成经验需要深刻的体验 / 067
主动学习：万物皆可"有关系" / 072

05
"三山实验"与"守恒实验"：
从因果关系的演变看思维发展

学习物质：神奇的多巴胺 / 080
学习悖论：行为主义实践中的重大缺陷 / 086
学习本质：在真实世界中，构建"因果关系"地图 / 090
终身学习：呵护好你的好奇心 / 097

06
"概念形成实验"：
从"认知结构"看清学习运作的机制

认知地图的发现 / 103
认知图式：认识世界的根本参照 / 110
认知结构在学习中如何起作用 / 113

07
**黑猩猩传球实验：
如何保持专注力**

黑猩猩传球实验：神奇的注意力 / 127
看不见的大猩猩 / 128
为什么孩子和成年人在注意力差距这么大呢？ / 130
集中注意力 / 134
心流：注意力系统的后面 / 139
掌控自己的人生 / 143

08
**狼孩 VS 猩猩女儿：
为什么我们总是学不好外语**

狼孩 VS 猩猩女儿 / 150
人类独有的语法系统 / 157
语言的信息加工过程 / 161
"双母语"的那些婴儿 / 166
第二语言学习的真正障碍 / 172
学好外语的策略 / 178

09
**猩猩顿悟实验：
如何唤醒你的创造力？**

顿悟实验：我们天生就拥有创造力 / 185
产生创造力是有条件的 / 192
什么样的人最具有创造力 / 199

10
"俄狄浦斯"的诅咒：
如何克服"成功"恐惧症，唤醒你的创造力

"俄狄浦斯"的诅咒 / 208
成功恐惧症，让创造力就此沉睡 / 213
唤醒内在创造力的策略 / 218

11
孤儿院与恒河猴：
情感联结是孩子成长发展的前提

关键期：一时错过，将终身错过 / 236
孤儿院里的问题小孩 / 240
奇迹般的智商反转 / 243
情感依恋：生命中不可缺少的"营养" / 246
惨无人道的儿童住院制度 / 253
来自恒河猴的灵感 / 256

12
陌生人情景实验：
看清情感联结形成的机制

伟大的陌生人情景实验 / 266
缺乏爱的代价 / 272
活出自己生命的意义 / 277

01

从"遗忘曲线"到"幽灵之战",再到"人脑清醒手术":

记忆是什么?它在哪里?

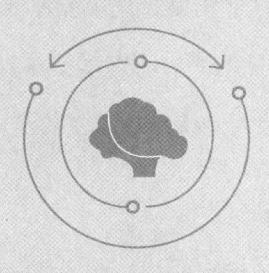

人类对于记忆的探索其实起源很早，古希腊时期的先哲们就已经开始在哲学层面探讨人类的记忆问题了。他们把记忆看作身体里的一股气体，或者灵魂中的某种神圣力量，这些都带有很强的主观色彩。1650年，心理学家洛克和霍布斯对记忆展开了唯物主义的分析，但也只是停留在形而上学的描述上，并没有定量分析的过程。而真正从现代科学角度，用实验和量化的方法来探索记忆的第一人，正是大名鼎鼎的西方心理学泰斗赫尔曼·艾宾浩斯，而他为世人所熟知，则是因为他绘制了"艾宾浩斯遗忘曲线"。

第一个能定量的记忆实验

赫尔曼·艾宾浩斯生于普鲁士王国时期莱茵省巴门市的一个富商家庭，他的家庭很重视他的教育。在接受完基础教育后，17岁的艾宾浩斯进入著名的波恩大学学习历史学和语言学。1870年，

01 从"遗忘曲线"到"幽灵之战",再到"人脑清醒手术":
记忆是什么?它在哪里?

和其他爱国的普鲁士青年一样,艾宾浩斯也应征加入了普鲁士军队去参加普法战争。战后,他转入哈雷大学和柏林大学专研哲学,1873年获得波恩大学哲学博士学位。

在1867年时,艾宾浩斯在巴黎的一家书摊上偶然发现了一本旧书《心理物理学纲要》,而这本书正是德国著名心理学家、实验心理学先驱古斯塔夫·西奥多·费希纳所著。而费希纳用数学的方法来研究心理现象的思路让年轻的艾宾浩斯顿开茅塞,他决心像费希纳一样,通过严格的数据测量来研究记忆。这在当时的时代背景下,是一次非常难得的进步。

说起来容易做起来难,研究记忆的第一个难题出现了——要记忆什么材料呢?艾宾浩斯发现,如果用散文、诗词或者《圣经》里面的内容作为记忆材料是不现实的。因为在实验过程中,无法确定这个人的记忆情况到底是文化背景影响的还是知识经验影响的,抑或记忆本身的心理机制在起作用。而且,人们所使用的语言也是影响因素,因为人会下意识地使用"词语联想",比如当看到"乘坐"这个动词,他就会下意识地联想到"汽车""飞机""火车"等跟交通工具相关的名词,这种语言上的作用也会影响到记忆过程。

心理学之所以能够成为科学，根本原因在于心理现象中的任何命题，都是可以通过实验和统计的方式来证伪的；而要在一个实验中证伪一个命题，就必须让实验中的自变量可观察、可控制。艾宾浩斯开始研究记忆与遗忘的关系，他认为记忆材料背诵的次数、复习的次数、复习的时间间隔等因素，都是自变量，而因变量则是回忆出来的记忆材料的数量和质量，这样就构成了自变量与因变量之间的因果关系。

如何才能把记忆材料对记忆本身的影响排除呢？这就是艾宾浩斯的创举了——他非常智慧地选取了一种无意义音节作为记忆材料。无意义音节就是两个辅音夹一个元音构成的单音节，如lef，bok或gat。这些音节没有任何意义，而且辅音和元音能拼在一起的组合相当多，就这样，艾宾浩斯一共搞出了将近2300个音节。如此一来，理想的实验材料就有了，这些记忆材料既跟文化背景不相干，也让人无法联想。

艾宾浩斯首先拿自己做了一系列实验，他一边背诵那些无意义音节，一边严格且客观地记录着。这个实验可以说枯燥极了，一般人是绝对承受不住这样煎熬的过程的。也难怪艾宾浩斯刚开始要用自己做实验，很有可能是因为他找不到人。经过无数次的实验，艾宾浩斯把收集来的数据汇总在一起，画出了一条记忆曲

01 从"遗忘曲线"到"幽灵之战",再到"人脑清醒手术":记忆是什么?它在哪里?

线。这条曲线的纵轴代表能够记住的无意义音节的数量,横轴则代表记忆完毕后所间隔的天数,间隔的这几天是不用复习记忆的。

艾宾浩斯发现,这条曲线刚开始下降的趋势非常明显,后来开始慢慢平缓。也就是说,记忆遗忘的速度是不规则的。记忆完毕后,最开始的阶段是遗忘最快的,而随着时间的推移,遗忘的速度逐渐放慢。最后,遗忘停止,没有被遗忘的记忆就变为了长期记忆,可以被随时调取或者在某些特殊环境和某个事件的触发下再次让人想起来。艾宾浩斯把这条曲线称为"保持和遗忘随时间的函数",也就是著名的"艾宾浩斯记忆遗忘曲线"。

虽然艾宾浩斯的记忆实验对于记忆研究是一次开创性的巨大进步,但由于实验材料采用的都是无意义音节,使得研究结果跟现实产生了巨大差距。因为在现实生活中,我们不大可能遇到去专门记忆无意义音节的情况。那如果是记忆有意义的材料,实验结果会怎样呢?艾宾浩斯也想到了这个问题,于是他又做了这样一个实验:他把受试者分成两组,每组10人,同时背诵《唐璜》里的一段内容。唐璜是蒂尔索·德·莫利纳小说《塞维利亚的嘲弄者》中的主人公,是世界文学史上家喻户晓的人物,法国剧作家莫里哀的讽刺喜剧《唐璜》,英国诗人拜伦的长诗《唐璜》,都是仿照此剧中这一形象而创作。

在实验中，艾宾浩斯先让第一组受试者用"朗读+回忆"的方式去朗读一小段文字，接着开始回忆这部分内容，先通过回忆，验证哪些被记住了，哪些没有被记住，然后将没有被记住的部分再看书背诵；而第二组只采用单纯的死记硬背。随后，艾宾浩斯在实验开始后的 30 分钟、2 小时和 4 小时的时候，对两组受试者进行了考查。结果发现，24 小时过后，第一组受试者记住了 98％ 的内容，而第二组只记住 56％；7 天之后，第一组记住 70％，第二组记住 50％。也就是说，第一组的记忆效果并没有好于第二组太多。这表明，一次复习虽然会增加记忆的保持度，但随着时间的推移，这种优势会逐渐降低，该忘记的最后都会忘记。

艾宾浩斯还做了一个对比实验，用同样的时间，一组受试者记忆无意义音节，另一组背诵诗词中的音节。结果发现，第一组记住 12 个无意义音节，平均需要重复 16.5 次；为了记住 36 个无意义音节，需重复 54 次。而第二组记忆六首诗中的 480 个音节，平均只需要重复 8 次就能记住。换言之，如果当事人能够对所记忆的内容有全面的理解，就会大大提高记忆效果。这一系列实验做下来，却让艾宾浩斯产生了新的疑问，为什么无意义的材料和有意义的材料之间，记忆效果的差别会如此之大呢？人的记忆到底是怎么回事呢？这些问题，艾宾浩斯回答不了。

01 从"遗忘曲线"到"幽灵之战",再到"人脑清醒手术":
记忆是什么?它在哪里?

这里顺便提一句,一些背单词的 App 和号称使用了"艾宾浩斯遗忘曲线"的很多英语学习机构,基本上都属于商业炒作。因为"艾宾浩斯遗忘曲线"适用的是无意义音节,而我们学英语、背单词,学的都是有实际意义的内容,死记硬背肯定是有问题的。

进阶的"幽灵之战"

就在艾宾浩斯对记忆的很多问题苦苦求索时,英国心理学家弗雷德里克·巴特利特同样对人类的记忆很着迷。巴特利特发现,人们往往很容易按照自己喜欢或者习惯的方式去回忆事情,并且在回忆事情的时候,总是会按照自己的喜好去刻意记住那些符合自己预期的细节,然后对其他细节进行编造。而且在编造的时候,逻辑还挺自洽。这个现象让巴特利特感到十分有趣,于是他设计了一个著名的"幽灵之战"实验。

这个实验其实很简单,巴特利特放弃了艾宾浩斯采用的无意义音节和词汇记忆的方式,而是把记忆材料换成了一个关于北美印第安部落的故事,这个故事中包含了许多不同的元素,比如地名、人名、行为的描述等。实验参与者需要在短时间内记住这个故事,然后在未来的几小时或几天内回忆并重述这个故事。而巴特利特则需要在旁边认真倾听，并且详细记录参与者所说的每一个字，再对参与者连续几次的回忆内容进行对比分析，一方面看看他们能回忆起多少内容，另一方面也要看回忆出来的故事质量如何、回忆内容相较原来的故事发生了哪些变化。

下面是这个故事的原文：

一天晚上，两个伊古烈的青年男子去河边捕海豹，当他们到达的时候，天空充满了雾气，周围一片沉寂。然后他们听到打斗的嘶喊声。他们想："可能要打仗了。"他们逃到了岸边，躲在一根大木头后面。就在此时，远处出现了几条独木舟，桨声渐近，一条独木舟向他们驶来。舟上有五个人，他们对这两个青年说：

"我们想带你们一起去。我们正沿河而上去作战。你们觉得怎么样？"

两个青年中的一个答道："我没有弓箭。"

"箭就在舟里。"他们说道。

"我不想去，会被杀死的。再说，我的亲友会不知道我去了哪里。"

01 从"遗忘曲线"到"幽灵之战",再到"人脑清醒手术":
记忆是什么?它在哪里?

但是,另一个年轻人加入了他们队伍,那个不想去的回家了。战士们继续逆流而上,到达卡拉马对岸的一个城镇。人们跳进水里,开始作战,许多人被杀死。没过多久,这个年轻人听到一个战士喊道:"快,回家去,那个印第安人已经被射中了。"此时,这个年轻人想:"哦,原来他们是鬼魂。"但他并没有感觉到不适,尽管战士们说他已被射中。

独木舟回到了伊古烈,那个年轻人上岸回家,生起了火。他告诉每一个人:"看,我和鬼魂一起去打仗。许多同伴被杀死,那些敌人也死在我们的箭下。他们说我被射中了,但我没有感觉到受伤。"

他告诉了所有的人,然后慢慢平静下来。当太阳升起的时候,他倒下了,嘴里流出黑色的液体,脸变得扭曲。人们跳起来哭着喊他,他死了。

巴特利特先让参与者记忆这段故事,过段时间,再让参与者重新讲这个故事。下面是其中一名参与者的复述:

两个年轻人去河边捕海豹。他们躲在一块岩石后面,一艘载着战士的船向他们驶近。然而,战士们说他们是朋友,并邀请两人帮助他们去寻找河那边的一个敌人。年纪大些的青年说他不能去，因为如果他不回家，他的亲友会非常焦急。

所以那个年轻一点的人与战士们一起前去。

晚上，他回来了，并且告诉他的朋友们他曾在一场大战役中作战，双方都有许多人被杀死。生起一堆火之后，他就寝睡觉了。早晨，当太阳升起来的时候，他病倒了，邻居们都来看望他。他告诉他们，他在战斗中已经受伤，当时没有觉得疼痛。但是他的病情迅速恶化。他挣扎尖叫，倒在地上死了。一些黑色的东西从他的嘴里流了出来。

他的邻居说他一定曾和鬼魂一起作战。

与故事原文对比不难发现，参与者所复述故事的主线虽然还在，但有一些细节已经被篡改了，比如把"同伴们"篡改成了"战士们"，还增加了一些细节，比如"挣扎尖叫"等。两年半后，巴特利特再次让参与者对故事进行复述，下面是复述的情况：

一些战士前往发起反对鬼魂的战争。他们战斗了一整天，某位成员受伤了。晚上，他们背负着受伤的人回到家。当这一天接近结束时，他的伤势迅速恶化，村民们都来看他。太阳落山时，他悲叹一声，嘴里流出了黑色的液体。他死了。

01 从"遗忘曲线"到"幽灵之战",再到"人脑清醒手术":
记忆是什么?它在哪里?

可以看到,经过两年半的时间,参与者能复述出来的内容和原文相比,只剩下故事的"骨架"了,细节几乎全部消失了。也就是说,当人们在回忆一个完整的、有意义的,并且跟我们日常生活有关系的故事时,不是严格遵循"艾宾浩斯遗忘曲线"一开始就迅速忘记,而是会缓慢地遗忘,并且根据我们以往的经验和预期,把遗忘的细节用"编造故事"的方式补上去。如果实在补不上了,就强行用逻辑去解释故事。

巴特利特专门为这种现象起了个名字叫"心理框架"。在记忆的过程中,当我们尝试回忆某个事件时,会使用心理框架来帮助自己补全和组织我们的记忆。如果事件的细节不符合我们的心理框架,那么我们就会直接选择忘记这些细节,或者将其替换为符合我们心理框架的内容,甚至往记忆内容里添加"私货",特别是跟我们内心预期、情感和情绪相关的内容,很容易被嫁接进我们的记忆内容中。当我们所记忆的内容符合我们的心理框架时,我们记东西就会变得很快,也很容易记住。

再后来,巴特利特又做了一个"传话实验",跟我们现在玩的传话游戏一样。先让一名实验参与者读一个故事,接着让他把故事讲给下一名参与者;而听完故事的参与者,需要把这个故事讲给再下一名参与者,以此类推。巴特利特通过这些实验揭示了记忆的本质，那就是记忆并不是一个直接、完整的复制过程，而是一个主观、个性化的再造过程，它会受到人们的情感、经验和文化背景等因素的影响。而且，在记忆再造的过程中，人们往往还会调用自己的逻辑思维，并使用类比、概括和推理等思维方式，把自己的记忆内容"脑补"出来，让这些"编出来"的记忆内容看起来很符合逻辑。可以说，人们天生就是撒谎高手，而且撒起谎来"面不改色心不跳"。

但是，为什么人们的记忆是这样的？人们的记忆究竟存在哪里？调取记忆的机制又是怎样的？这些问题，巴特利特也解释不了。

大脑破坏者

为了搞清大脑的记忆机制，科学的接力棒交到了有着"神经心理学之父"称号的美国生理心理学家卡尔·拉什利手里。1890年6月7日，拉什利生于美国西弗吉尼亚州一个中产家庭，他是家里的独子。拉什利的父亲对于当地政治非常有兴趣，也在政界担任过不少职务。其母是家庭主妇，爱好收集书籍，在社区中教授各类知识。拉什利4岁就能阅读，儿时最喜欢做的就是在树林里漫游，收集各类动物。14岁高中毕业后，拉什利进入西弗吉尼

01 从"遗忘曲线"到"幽灵之战",再到"人脑清醒手术":
记忆是什么?它在哪里?

亚大学主修英文。然而在选修了一门动物学后,他受到神经学教授约翰·斯顿的影响,从此爱上了生物学。1914年,拉什利在约翰·霍普金斯大学获得遗传学哲学博士学位。

在攻读博士学位期间,拉什利喜欢上了心理学,还非常幸运地结识了当时美国行为主义心理学领袖约翰·华生(一位颇受争议的心理学研究者),并且结成了很好的朋友。从此,拉什利做了华生的学生和研究助理,师生二人在连续4年的时间里,联名发表了多达14篇的心理学专题研究论文。在研究过程中,拉什利慢慢对记忆产生了浓厚的兴趣。他坚信,记忆一定以某种形式保存在人们的大脑里。而他的老师华生却说"大脑是一个无法研究的神秘黑盒子",此话对拉什利的影响很大,他决心用行为主义"环境刺激+行为反应"的方式去探寻——动物大脑里究竟会不会留下所谓的记忆痕迹,但这些记忆又是如何才能提取到,为什么会出现艾宾浩斯和巴特利特所发现的那种现象?

由于拉什利深受行为主义心理学的影响,所以也采取了动物实验方式进行研究,比如使用老鼠、狗、鸽子等。他的实验方法也继承了老师华生的方式,那就是以"残忍直接"著称。华生残忍地直接对婴儿下手,在婴儿身上做实验,不顾科学伦理。而拉什利准备先用条件反射的方式,让老鼠学会某项技能,而"学会"

就意味着"记住了"。接下来，拉什利通过手术的方式，强行把老鼠大脑的某块区域破坏掉，然后再看老鼠的行为表现。如果老鼠还记得这项技能，那就说明记忆不存在于这块脑区；如果老鼠完全不记得这项技能了，就意味着记忆存在于这个脑区。

按照这个思路，拉什利建了一个小迷宫，选取了三组老鼠。其中的两组老鼠将学习"走迷宫"——在起点处放进老鼠，在终点处放老鼠爱吃的食物，然后让老鼠学会走迷宫。第一次，老鼠跑向食物的过程很缓慢，有几次还走进了死胡同。但随着重复次数增多，这两组老鼠从起点跑到终点的用时越来越少，这说明老鼠慢慢学会了走迷宫，知道怎样才能最快吃到食物。接下来，拉什利给其中一组已经学会走迷宫的老鼠实施脑部手术，破坏大脑某个部分，再让这些老鼠去走迷宫，看它们还会不会有之前的记忆。

然而实验的结果似乎跟他开了一个玩笑，拉什利发现：无论手术破坏老鼠大脑的哪个位置，对"走迷宫"这一行为的影响都不明显。于是，拉什利开始扩大对老鼠大脑的破坏范围，本来破坏一个点，现在破坏一整片。终于，老鼠出现"失忆"情况，不会走迷宫了。但因为老鼠的大片脑区都被破坏了，所以具体记忆是在哪个脑区起作用根本说不清楚。实验只能得出老鼠失忆的程

01 从"遗忘曲线"到"幽灵之战",再到"人脑清醒手术":
记忆是什么?它在哪里?

度与脑部创伤的大小相关,而与创伤的位置无关的结论。

怎么跟自己预想的结果不一样呢?拉什利换了一批又一批老鼠,后来又用猫做了"逃脱迷箱实验"——把猫锁在箱子里,并给箱子通电,让猫遭受电击。与此同时,箱子里有机关,只要猫找到机关,就能打开箱子逃走。而猫学会逃脱后,他又把猫的大脑皮质某些部分切除,再放回箱中进行实验,结果发现猫会丧失习得的逃脱行为。但是,如果再加以训练,这只猫依然能学会逃脱行为。这样的结果让拉什利直接蒙了。不过,拉什利坚定地认为自己的想法没错,肯定是实验哪个环节出问题了。

就这样,拉什利的动物实验一做就是30多年,不知道有多少只老鼠、猫、狗惨遭他的毒手。可最后,拉什利还是放弃了,因为无论他怎么破坏老鼠的大脑,老鼠依然能够顺利地通过迷箱学习实验,这似乎只能说明破坏大脑对老鼠的记忆没有影响。可是做了这么多努力,不总结出点儿理论怎么行。于是,拉什利就根据他所观察到的实验现象,总结出了"记忆整体论",认为人的记忆存储是没有定位的,而是分散在整个大脑皮层。

当然,这个理论从今天的角度看确实存在很大问题。但当时的拉什利已经尽力了,他投入了整整30年的研究时间,之所以

015

会得到这样的结果，一方面的确是拉什利运气不佳，另一方面也说明技术进步没有到位，人类对大脑的研究手段没跟上。

人脑清醒手术

就在拉什利夜以继日做实验时，一位加拿大的外科医生却有了一项意外的发现，他就是20世纪杰出的神经外科医生、神经外科学与脑科学奠基人之一——怀尔德·彭菲尔德。

20世纪50年代，彭菲尔德在麦吉尔大学蒙特利尔神经学研究所工作时，专门研究那些对药物没有反应的癫痫患者。癫痫发作时，患者会发出尖锐的叫声，随后会因意识丧失而跌倒，全身肌肉僵直、呼吸停顿，全身阵挛性抽搐，并开始口吐白沫。彭菲尔德发现，这些癫痫患者的大脑经常会出现异常的放电现象，而药物又无效，唯一可行的治疗方法就是通过手术把放电异常的脑区切除。

但问题来了，患者毕竟不是实验室里的动物，不能说切哪里就切哪里，万一切错部位，那就麻烦了。如何确定癫痫患者需要切除的脑区呢？彭菲尔德是一个奇才，他想到了用局部麻醉的方式，使病人处于麻醉但还有意识的状态，然后给患者开颅——先

01 从"遗忘曲线"到"幽灵之战",再到"人脑清醒手术":
记忆是什么?它在哪里?

把头盖骨锯开,将大脑露出来,再用带有微弱电流的电极刺激患者大脑的不同部位,如果发现刺激到某个位置时大脑放电异常,并且患者表现出了癫痫即将发作的迹象,这个部位可能就是需要切除的。但有一点很惊悚,这时的患者都是清醒状态,躺在手术台上,裸露着大脑,还能跟彭菲尔德交流。这一场景有点像电影《汉尼拔》,汉尼拔医生把警员保罗的脑壳打开,让他露出大脑跟自己交流的镜头,着实令人毛骨悚然。

彭菲尔德用电极刺激患者大脑某个特定部位时,发现了一些特别之处:患者会突然感觉好像正身处某个儿时经历的场景,曾经的记忆非常鲜活,历历在目,甚至比做梦的感觉还真实。比如,在一个案例中,当彭菲尔德将通电的电极放置在患者的大脑上时,患者脑海中响起了音乐,她甚至能跟着脑中的旋律唱起歌来;另外一个案例中,患者似乎看见了一个人和一条狗在他家附近的路上散步,而且他家还是儿时的样子;有的患者看到一堆乱七八糟的灯光和色彩,像梦境一般梦幻;还有一个患者好像重新经历了最近发生的一幕:他正在跟母亲说,弟弟的外套穿反了。

更诡异的是,在一次手术中,彭菲尔德用电极触碰一名33岁男患者的右颞叶时,病人突然说:"我舌头上有一种又苦又甜的味道。"患者感到很迷惑,还做出了品尝和吞咽的动作。而彭菲尔德一关闭电流，病人马上说道："哦，上帝！我感觉我正在离开我的身体。"患者看上去吓坏了，做着手势寻求帮助，感觉像是"灵魂出窍"了。然后，彭菲尔德加强了对患者颞叶区域的刺激，结果患者说他好像在原地打转，又感觉自己好像站了起来。

还有一次，当彭菲尔德用电极接触一个女患者的颞叶时，她突然说："我有一种奇怪的感觉，好像我不在这里。"彭菲尔德继续刺激这一区域，女患者又说道："我感觉自己只有一半身体在这里。"然后彭菲尔德用电极刺激颞叶的另一个区域，女患者又说道："我觉得很奇怪，感觉自己好像飘走了。"彭菲尔德继续刺激她的大脑，女患者问道："我还在这儿吗？我这是在哪里？"当彭菲尔德又用电极触碰女患者颞叶的第三个区域时，她说："我觉得我又要离开了。"她有一种不真实的感觉，觉得自己好像从身体里出来了，在旁边看着自己，这种体验"比真实还要真实"。她觉得自己好像在别的地方，但仍然没有离开原先的环境。通过这些临床案例，彭菲尔德发现，当患者的大脑被电极刺激时，过去的某种记忆显然被激活了，不仅有图像、声音，还带有很强烈的情绪情感反应。这些被激活的记忆和体验会与患者的想象整合在一起，产生梦境般的感觉。

后来，彭菲尔德将他的临床观察写成了论文，并在 1951 年

01 从"遗忘曲线"到"幽灵之战",再到"人脑清醒手术":
记忆是什么?它在哪里?

的一次会议上做了汇报,台下的听众中正好就有拉什利。彭菲尔德指出,从他的临床观察中可以看出,人的记忆似乎储存在大脑的颞叶皮层中,这里包含了视觉和听觉刺激。当这一脑区被电刺激时,记忆就会被激活,像电影回放一样。而且,这些"被唤起的记忆"复现时与人们日常的记忆非常不同,前者包含了非常丰富且精确的细节,后者则像巴特利特实验呈现的那样,随着时间的推移细节越来越少,最后就只剩下"骨架"了。彭菲尔德还发现,在患者产生的怪诞且如梦境般的体验中,真正的记忆只是素材,它们参与到了大脑的想象中,形成了全新的体验。患者回忆起的事情往往都是一些鸡毛蒜皮的小事,如果不刻意提示,根本就想不起来。

彭菲尔德的研究似乎能够证明记忆的确存在于大脑中,而且跟特定的脑区有关,但是,记忆具体存在哪个脑区?是以什么形式保存的?彭菲尔德还是回答不了。但他已经将记忆的研究向前推进了一大步。

历史总是充满着各种巧合,而这些巧合在某种程度上会影响着整个历史的走向。在记忆与大脑的研究过程中也是这样,20世纪50年代恰好就有这样一位患者,将脑科学和神经科学,尤其是记忆领域的研究,向前推动了一大步,为后人的研究打下了坚实的基础。对，你没有看错，他既不是医生，也不是科学家，他只是一个病人。

只不过这个病人的病非常特殊，因为他的大脑记不住任何新东西，并且记忆只能保持短短的几分钟甚至几十秒。这个人就是亨利·莫莱森，在脑科学与神经科学界，他享有一个专有名词——"H.M."。他还是一名优秀的"职业病人"，因为那个时代的许多优秀脑科学家、神经学家和心理学家都找过他做实验，参与实验是他每天的工作，因此，世界上有大约1.2万篇论文都跟他有关。亨利去世后，按照他早年签下的协议书，他的大脑"享受"了与爱因斯坦大脑同等的待遇，被切成了2000多片、每片70微米厚的大脑切片，做成了珍贵的样本送到世界各大实验室中供研究人员进行研究和教学。

02

神奇的海马体:
"职业病人 H.M." 破解记忆密码

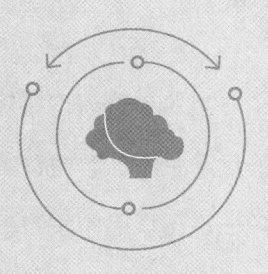

亨利·莫莱森1926年出生在美国康涅狄格州哈特福德市，这个地方被马克·吐温称为"美国最美丽的几个城市之一"。小时候的亨利一直住在哈特福德市，他是家里的长子，备受父母的宠爱，童年无忧无虑。亨利跟其他小男孩一样，调皮捣蛋是常有的事，有一次骑自行车摔伤了，他的头部受到撞击，从表面上看只是一点擦伤，父母也没太当回事。

然而，到了10岁那年，亨利突然表现出了轻度癫痫的症状。起初，癫痫并没有影响他的正常生活，但随着年龄的增长，癫痫症状越发严重。15岁，亨利第一次出现肌肉收缩、抽搐昏迷的症状。自那以后，他的病情逐渐恶化，癫痫时不时就会发作，全身抽搐、口吐白沫，这严重影响到了亨利的正常生活和学业。从1953年起，大剂量的抗癫痫药物已经对27岁的亨利没用了，而且癫痫症状说来就来，他前脚还在聊天说话，后脚就突然倒地开始抽搐。

02 情绪启动实验：
"职业病人 H.M."破解记忆密码

就在亨利被癫痫疾病折磨得痛不欲生之时，有位著名的神经外科医生威廉·斯科维尔找上门来，说他可以用外科手术帮他一劳永逸地治好癫痫。然而亨利和家人并不知道的是，斯科维尔医生要给他采用的正是 20 世纪 50 至 60 年代臭名昭著的"脑前额叶切除术"，即电影《飞越疯人院》里男主角麦克·墨菲被迫接受的手术。

被"治疗"的亨利

"脑前额叶切除术"如今看来有点丧心病狂，但在 1949 年获得过诺贝尔生理医学奖。这种手术的创始人是葡萄牙神经科医生安东尼奥·埃加斯·莫尼兹。手术过程就是把人的大脑中控制情绪的前额叶通过物理手段切除，用来治疗和缓解精神疾病的症状。但真正让其得到广泛应用的是美国医生沃尔特·弗里曼，他发明了一种更加迅速便利的手术方式——冰锥疗法。简单说，医生会先将患者电击昏迷（代替药物麻醉），然后将类似冰锥的锥子经由患者眼球上部眼眶凿入脑内，破坏相应的神经。

因为手术的过程十分简单迅速，所以弗里曼在手术开始前，往往会建议家属去旁边的咖啡店喝杯咖啡，等家属回来之后，就会发现自己的亲人已变回正常人了，只是有些沉默寡言而已。在弗里曼的营销之下，冰锥疗法在美国获得了一大批支持者。甚至有位母亲因为儿子调皮不愿意上床睡觉，带着儿子去做了冰锥手术。当然，现在这种手术已被扫入了历史的垃圾堆。

而当年斯科维尔要给亨利做的就是这类手术，但在此基础上做了改进，叫作"眼眶环切术"。这种手术在当时只用于治疗精神分裂症和重症精神病人，但斯科维尔相当大胆，冒险将其用于治疗癫痫，而且根本就没跟亨利和他的家属交代术后副作用。1953年9月1日，亨利接受了斯科维尔医生的手术，这成了他另一个人生的开始。在手术当天，亨利被局部麻醉，意识清楚地躺在手术台上。

手术室很安静，亨利能偶尔听见斯科维尔叫护士递手术工具，也清醒地知道斯科维尔医生是如何拿起工具，如何在他的眼睛上方打洞的。结果，在打开亨利的大脑后，斯科维尔根本找不到手术的目标区域，连癫痫起源于哪个脑半球都毫无线索。这时，斯科维尔面临两种选择：要么承认手术失败；要么先对一侧脑半球进行手术，保持另一侧不动，把对脑部的破坏限制在一定范围内，然后观察患者术后的反应。但是，斯科维尔选择了第三条路：他拿起细长的真空管，将管子深入亨利大脑的深处，将大脑两个半球内侧颞叶部位约8厘米长的脑组织都破坏掉了，这涉及亨利脑中的杏仁核、内嗅皮层、海马体和一部分脑沟回。这些脑组织的功能，在当时几乎是未知的。

手术很成功，亨利发病的程度和频率的确有了显著的下降。然而，让斯科维尔医生没有想到的是，亨利的记忆也就此停在了这一天！他无法再形成新的记忆，什么都记不住，仿佛一切都在原地踏步。他找不到去卫生间的路，刚吃过午饭又不停地问护士什么时候开饭，翻来覆去地看同一本杂志还觉得十分新鲜，一句话能反反复复说很多次。他无法结交新朋友，每一次见面，他都觉得是初次相识。对任何事情他都是"过目即忘"，可在手术之前的记忆，他却记得很清楚，比如父母来自哪里，第二次世界大战期间美国参加了哪些战役；他记得美国经济大萧条时期，甚至记得小时候的事情。斯科维尔医生对亨利做了测试，他的智力很正常，性格也没变，还是以前的那个亨利。可是，他却再也无法形成新的记忆了。

亨利的手术后遗症的确是斯科维尔医生始料未及的，他怎么也没想到亨利会变成现在这个样子，也不知道给亨利做这个手术到底对不对。但正是这次手术，为斯科维尔的学术生涯带来了辉煌——手术直接推翻了拉什利的"记忆整体论"。斯科维尔认为，人的记忆跟大脑的海马体直接相关，而不是像拉什利说的那样，记忆均匀分布在大脑中。

找到亨利的米尔纳

斯科维尔将亨利的手术结果公之于世，马上引起了怀尔德·彭菲尔德的关注。因为彭菲尔德正在做"人脑清醒手术"，在手术的过程中，他得到了跟斯科维尔差不多的发现。随后，彭菲尔德与斯科维尔建立了联系，一起探讨病例并且合作研究。同时，一位杰出的心理学家布伦达·米尔纳也参与到了合作研究中，而正是这位英裔加拿大神经心理学家，花了整整50年的时间近距离观察和研究亨利，找到了关于记忆的痕迹。

1918年，米尔纳出生于英国曼彻斯特一个充满艺术氛围的家庭里，父亲是当地著名的音乐评论家，擅长管风琴，还对园艺非常有造诣。母亲曾经是父亲的学生，擅长唱歌。而米尔纳丝毫没有遗传父母的艺术天赋。但米尔纳的父亲对她的教育非常宽松和开明，从不强迫她学习音乐、绘画，而是鼓励她探索自己感兴趣的事物。米尔纳家里有一间藏书室，摆满了散文和诗集，她小时候常沉醉于其中。不幸的是，米尔纳8岁那年，父亲去世了，这对她打击非常大。后来，母亲将她送到了一所寄宿学校，米尔纳

02 情绪启动实验：
"职业病人 H.M."破解记忆密码

一直成绩名列前茅，文理样样精通。长大后顺利进入了剑桥大学就读数学专业，但米尔纳发现自己并不擅长数学，想转专业。

此时，有位学长推荐她读心理学，米尔纳一听就来了兴趣。之后，她经常去心理学系旁听，还结识了弗雷德里克·巴特利特教授，就是那位做"幽灵之战"实验的心理学家。就这样，米尔纳进入了心理学的世界，尤其对动物心理和行为研究表现出极大的兴趣，遵从了"想要搞清楚大脑的功能，可以通过那些'得病'的大脑来获得线索"的研究思路。

攻读博士学位期间，米尔纳读到了彭菲尔德的"大脑清醒手术"的报告和手术时病人的感受，这让她产生了浓厚的兴趣。机缘巧合下，米尔纳也来到了蒙特利尔神经学研究所，和彭菲尔德一起从事起相关的研究工作。她曾经注意到，左侧颞叶损伤的病人常常抱怨记性不好，而且这种缺陷总是和语言有关，例如忘了听过或读过的东西。米尔纳开始意识到，这些脑区可能跟记忆和语言表达功能有着密切的关系。

1955年美国神经病学会会议上，彭菲尔德介绍了自己两个手术病人的"失忆"情况，斯科维尔得知后，立即打来电话介绍了亨利的情况，并邀请彭菲尔德和米尔纳一起研究亨利这个病例。

米尔纳直接前往哈特福德，展开了对亨利的研究。就此，著名的"H. M. 案例"走入了神经科学史。

见到亨利后，米尔纳发现他无法正常生活，于是便对亨利进行了一些基础测试，包括认知、性格、心理健康等方面，她发现亨利在这些方面，尤其是逻辑思维能力仍处于正常水平，比其他接受过前额叶切除术的病人好太多了。亨利的情况为进一步的研究提供了绝佳机会。假如亨利的心智能力受到影响，那米尔纳就是有再大的本事，后面的实验也没办法展开。因为记忆机制和思维机制是混在一起的，无法通过实验分开。只能说，亨利是"天选实验人"，又"恰好"只损失了记忆。

之后，米尔纳对亨利进行了细致的跟踪观察和访谈，发现他还能记得小时候的事情，但却记不住刚刚发生过的事情；记得父母的故乡，却不认识经常看他的医生，甚至能忘记刚刚认识的人；他记得住自家老房子的地址，但总是记不住手术后搬去的新家地址；他记得自己第一次吸烟是在什么时候，却记不得刚刚吃过什么东西，甚至根本不记得吃过饭。米尔纳给这种遗忘起了个名字，叫"顺行性遗忘症"，就是患者回忆不起在疾病发生以后一段时间内所经历的事件，但早年的记忆尚存。同时，亨利还患有部分逆行性遗忘症，即手术前一段时间的记忆也丧失了，比如手术之前 3 年内发生的一些事情。

米尔纳总结："亨利不能学习一丁点儿新知识，他生活在过去的世界里。可以说，他的个人历史停在了动手术的那个时间点上。"米尔纳认为，人的记忆可以分为短时记忆和长时记忆。我们要记住一件事，信息一定要先转入短时记忆，再根据信息对我们生存的重要程度，将一部分信息转入长时记忆。一旦信息进入了长时记忆，就有可能终身携带，再也不会忘记。而短时记忆向长时记忆转化的位置，就是大脑里的海马体。亨利的短时记忆虽然还是正常的，但因为失去了海马体，便丧失了将短时记忆转化为长时记忆的能力。

亨利的"五角星"实验

米尔纳做了一个非常著名的实验。她让亨利拿着一支铅笔，沿着虚线画出五角星图案。只不过，亨利不能直接看着纸来画，而是看着镜子中反射过来的镜像来画。说实话，这种操作要求还是挺难的，左右颠倒的镜像，即便是正常人也不能很快熟练。亨利也一样，一开始，他画的线条歪歪扭扭。

但经过一段时间的练习后，亨利能够流畅地对着镜子画出五角星。甚至在一年之后，他依然能顺利地将五角星画出来。只不过，他根本就不记得自己曾经画过这个图案。每次画画对他来说都是一次崭新的经历。有一次，亨利照旧顺利且流畅地画出五角星，随后惊讶地说道："这么简单？我还以为会很困难呢！"

虽然他无法学习那些需要记忆的"理论知识"，也记不住刚刚发生过的日常经历——所有这些"信息"都无法通过短时记忆过渡到长时记忆中去——但是，他却可以通过身体的反复练习，让身体作为媒介，直接使行为动作进入长时记忆。也就是说，通过反复练习，亨利是完全可以学会新东西的。

对此，米尔纳给前面那类亨利无法记住的记忆起名为"陈述性记忆"，有时也被称为"外显记忆"。这种记忆又分两种。一种是与抽象知识相关的语义记忆，用来储存那些独立于个人经验的一般事实性的知识，比如食物的类别、某个地理区域的重要城市名称、一个人掌握的单词等。人们在学校学习到的课本知识，绝大部分都属于语义记忆。另一种是与个人经验有关的情节记忆，是人们依据时间和场景，通过视觉、听觉和感受形成的综合信息，例如你第一次上学踏进教室的时刻、第一次跟女朋友表白的时刻、第一次收到录取通知书的时刻或是第一次被解雇的时刻。具有情节记忆，意味着人们可以有意识地回忆起人、物、位置、事实和事件。

当然，语义记忆和情节记忆经常是混起来用的。例如，警察透过车祸事件的相关当事人所提供的陈述，去建构整个事件的来龙去脉，复盘出真相。实际上，人们天生就很擅长情节记忆，因为它跟人们的个人经验直接相关，也就是"我自己在乎的事"；而语义记忆则是一些客观的知识，相对而言更容易忘记，除非客观知识"跟我有关"，并且能用故事讲出来，能构成一定的情节，这就是为什么我们记故事很容易，记单词却很难。

而亨利能获得的那类行为记忆，米尔纳将其取名为"程序性记忆"，也叫"内隐记忆"，指那些关于"如何做"的记忆，不用回忆就可以反映在行为动作或者习惯上。比如我们在日常生活中能够熟练完成很多看似不起眼的动作，像穿鞋带、编辫子、游泳、骑车、演奏乐器、飞快地打字等，用的都是程序性记忆，这也是亨利还正常保留着的记忆。

程序性记忆通常具有一种"自动"属性，能直接通过行为回忆起来，不需要付出任何有意识的努力，人们甚至意识不到自己在运用记忆。比如，一旦你学会了骑自行车，之后只需要骑就可以了，并不用有意识地驾驭身体："我的左脚先往前踩，然后右脚……"如果我们对每个动作都过度关注，反而可能会从车上跌下来。又如，当我们说话时，也不会考虑每个名词或动词究竟应该放到哪里，直接说就可以。实际上，很多学习经历既要用到外显记忆，也要用到内隐记忆，经常性的重复可以将外显记忆转化为内隐记忆。学骑自行车就是这样的过程，开始学习时，我们需要有意识地注意自己的身体和车，而最后，骑车会变成一项自动化的、无意识的活动。

亨利在"五角星"实验中所表现出的，正是"只可意会不可言传"的学习过程，也就是米尔纳所说的"内隐记忆"。亨利虽然讲不出自己几岁，也不认得镜子里的人就是自己，但如果带他回老家哈特福德市，让他在巷道间来回穿梭，不一会儿他就能找到以前的住所。这些他都记得，只是说不出来，这些记忆无法浮现在意识层面，却在潜意识层面直接影响着他。这一类记忆在海马体之外悄然成形，深藏在潜意识中，不知不觉地影响着人们的日常生活。

亨利这样的"天选实验人"和米尔纳这般执着的科学家联合起来，将人类对记忆的认知向前推动了一大步。然而，大脑中的海马体究竟为什么会影响记忆，是什么机制在影响记忆，这个问题还没有搞清楚。

03

功不可没的"海兔实验":
揭秘记忆的本质

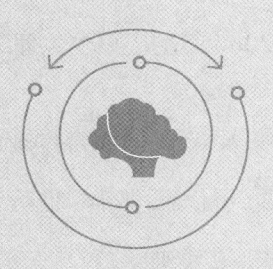

海兔研究和"情绪启动"实验

在 20 世纪中末期,还有一位神经科学"大神"在研究记忆,只不过他没有研究人脑也没有用老鼠大脑做实验,而是另辟蹊径,将研究重点放在了微观层面的神经细胞上,并从根本上解释了记忆形成的神经机制,他就是埃里克·坎德尔,凭借对记忆神经机制的研究成果,他获得了 2000 年的诺贝尔生理医学奖。

起初,坎德尔对弗洛伊德心理学非常感兴趣,想专攻精神分析,并成为一名精神分析师。而大四那年,他听到了亨利的案例,这让他大为震撼,产生了浓厚的兴趣。

实际上,坎德尔秉持着"还原论"的思想,认为世界上任何复杂的系统和现象,都是可以进行化解和拆解,直到拆分到无法拆分为止,因此只要搞懂最基本的部分,再把最基本的部分组装

03 功不可没的"海兔实验"：
揭秘记忆的本质

回去，复杂的现象就能理解了。

坎德尔不同于所有研究记忆的科学家，他找到了一种叫作"海兔"的海洋动物作为实验对象。这是一种生活在浅海海底的软体动物，身长 10 厘米左右，长得很像没有壳的蜗牛。

坎德尔之所以要选海兔，是因为海兔非常符合他研究的标准，它不仅是完整的生命，而且有着最简单的神经系统，即"刺激－反射"。海兔是有鳃的，位于身体内部，上面连接着一根管道，学名"虹吸管"，和海水连通。而海兔神经系统的一项重要任务，就是保证海兔在海水中获得氧气，防止在海水的冲击下受伤。如果海水冲击剧烈，或者有天敌攻击，海兔会迅速把鳃保护起来，防止鳃在身体变形时受伤。海兔的这个神经反射回路在生物学上叫作"缩鳃反射"。

坎德尔的具体实验方法是这样的：先刺激海兔的虹吸管，海兔受到惊吓，虹吸管和鳃会本能地往回收缩，完成"缩鳃反射"。这个刺激动作会反复进行，时间一长，海兔进入了"习惯化"的状态，缩鳃反射会开始变弱。这是因为海兔的感觉神经元一个动作电位所引发的运动神经元反应的电位变弱了，感觉神经元与动作神经元之间的交流效能降低了。

接着，坎德尔在某一次重复刺激虹吸管之后，突然对海兔的尾部进行电击。这一次电击对海兔来说是实实在在的威胁，海兔马上变得敏感起来，虹吸管和腮迅速收缩，缩腮反射变得相当猛烈，感觉神经元所释放的电信号有了明显的增强。这个过程在心理学上叫作"敏感化"，海兔的感觉神经元与运动神经元之间的交流效能显著提高了。

随后，坎德尔对海兔"习惯化""敏感化"和"条件反射"的整个过程进行了仔细的研究：海兔开始"习惯化"时，感觉神经元与运动神经元之间的突触，即神经元与神经元之间相联系的部位，其数量从2700个降到了大约1500个。随着习惯化时间的增多，突触前终端的数量从1300个下降到大约850个，活跃的突触终端数量甚至从500个减少到大约100个（此时的突触前终端只有大约40%是活跃的，能够释放神经递质，而其余的突触终端都在休眠）。在"敏感化"的过程中，这些突触终端的数量翻了一倍，直接从1300个增加到2700个，而活跃突触的比例也从40%增加到了60%。坎德尔还惊奇地发现，这一过程中海兔的运动神经元上居然长出了全新的分支，形成了全新的连接。

通过实验，坎德尔恍然大悟，原来短时记忆是在神经元层面的具体表现，就是神经元突触与突触之间连接强度的增强与减弱，而长时记忆则是原有神经元上长出了全新的突触分支，相当于神经元细胞的结构发生了变化。而如果这些新长出的分支不经常用，就会休眠，需要的时候再被唤醒。

这就完美解释了短时记忆与长时记忆的原理，比如当我们记忆单词"apple"的时候，3分钟内是完全记得的，相当于大脑里存储"苹果"这个东西的神经元，与"apple"这个字母组合的神经元之间突触连接强度增大；但如果你不进行复习，这两个区域的神经元连接就开始减弱。如果你经常复习，一吃苹果马上读"apple"，大脑内这两个区域的神经元突触连接就能一直保持"强联系"，时间一长，这些神经元就会长出全新的突触，专门把"苹果"的图像与"apple"的字母组合存储在一起。这样，"apple"这个单词就彻底进入了长时记忆。当你不使用英语时，这些新突触是休眠的，哪天突然要用英语了，跟"apple"有关的新突触就会被唤醒，直接启动"苹果"与"apple"的联系。

紧接着，坎德尔还发现，连续刺激海兔的感觉神经元5次后，海兔神经元的环腺苷酸浓度就会达到一定的阈值，导致细胞外信号调节激酶移动到细胞核，开启了某个基因的"开关"。而这个基因开关一旦打开，神经细胞就会生成一个叫作"环腺苷酸反应元件结合蛋白"（CREB）的蛋白质，它会像钥匙一样，开启神经细胞的再生长。就这样，全新的突触就长出来了，特定神经元细胞之间的联系也被加强了。坎德尔还专门做了实验去验证，发现如果把CREB破坏掉，神经细胞就再也长不出新的突触了。

坎德尔的研究还没有结束，通过深入研究，他发现CREB还分为两种——CREB-1、CREB-2。CREB-2符合"熟能生巧"原则，要让大脑内两个地方的神经元细胞建立起强联系，让神经元长出新的突触，就需要反复刺激，加强练习，也就是我们常说的"刻意练习"。然而，无论是人还是动物，最常使用的其实是CREB-1，这种蛋白质被激活后，会迅速让神经元长出全新的突触，并且让大脑内两个区域的神经元建立起紧密的强联系。

而CREB-1被激活有个条件，即高度的情绪化。当动物或人面临重大危险时，比如天敌出现、灾难，以及钟情的异性出现等情况，这时动物和人都会出现高度的情绪化，激活大量的细胞外信号调节激酶，而这种物质会直接让CREB-2失活，也就是说，我们的"刻意练习"不起作用了。而这时，CREB-1会开始大量出现，促进神经元新分支的迅速生长，从而产生长时记忆。这就是我们常说的"一朝被蛇咬，十年怕井绳"，这种恐惧会把当时的场景迅速转化为长时记忆，让一个人一辈子都忘不了那个场面，以免再受到伤害。

03 功不可没的"海兔实验"：
揭秘记忆的本质

CREB 的发现堪称脑科学和心理学界的一大盛事，让各界学者首度见证了长时记忆的形成过程。时年 42 岁的基因科学家蒂姆·塔利得知坎德尔的发现后，按照坎德尔的思路改造了果蝇的基因，使其能够大量分泌 CREB，造就了一只"天才果蝇"，它拥有过目不忘的能力，任何任务只需要训练一次就能学会。后来，坎德尔和塔利展开合作，一起改造了海兔的基因，创造出了"天才海兔"，这种海兔竟然能记住周围贝壳的螺旋花纹、珊瑚礁的颜色、笼子角落的食物。这种只具备最简单的神经系统的动物居然能做高等哺乳动物才能做的事，实在令人难以置信。

意识到 CREB 的巨大价值之后，1997 年，坎德尔与哈佛大学分子生物学家吉尔伯特、风险资本家弗莱明、神经科学家乌特贝克联手创立了全球第一家记忆制药公司，专注于开发治疗中枢神经系统疾病的药物，例如跟记忆相关的阿尔茨海默病的药物。后来这家公司还上市了，但由于债务问题，在 2008 年被罗氏制药公司收购。

记忆的提取

纵观整个记忆研究历史，我们现在对记忆有了比较全面的认识了。按照通常的理解，记忆是由"记"和"忆"两部分构成，假如把大脑比作一个存储器,"记"就相当于存储信息,"忆"就相当于提取信息。科学家们则将记忆分为瞬时记忆、短时记忆、长时记忆以及工作记忆。

我们重点说一下工作记忆。这个概念最早于1960年由乔治·阿米蒂奇·米勒等人在其著作《计划与行为的结构》一书中首次提出。他们发明这个词的目的是方便将思维研究与计算机理论进行比较。如果我们把大脑理解成一台电脑,那么感觉记忆就是我们敲击键盘时,记录我们敲击位置的;短时记忆相当于内存;长时记忆相当于硬盘;而工作记忆则是内存加上CPU的整个运算与加工过程。比如早上起来,你要安排一天的工作了,那么你会把今天可能要做的工作内容,从你的长时记忆中调取出来,然后放到工作记忆的平台上,再按照重要等级,以时间顺序重新加工一遍,最后形成一份工作计划。

但是,随着心理学的研究深入,科学家们发现人类的记忆过程相当复杂。因为记忆除了存储和提取之外,还有一个重要的步骤,叫作编码。也就是说,人在接触一个信息之后,要先把它做编码处理,再存到脑子里。而编码的方式受很多因素的影响,比如教育、信仰、偏见等,因人而异。而这些主观成分也导致我们的记忆过程并不是像电脑一样的工作过程,而是一个动态选择的

03 功不可没的"海兔实验"：
揭秘记忆的本质

过程，是自上而下的系统。比如，你在听一堂课时，被老师讲的一个话题深深吸引，即使日后没能想起老师讲课的具体内容，但对于这堂课的情境却能记忆犹新，这就是你对特定话题的偏好影响了记忆深度。因为这个话题让你产生了兴奋的感觉和想法，所以更容易记住。

但同时，记忆又是一个自下而上的系统，受人的感官和注意力的影响。比如，经历过大地震的人会非常清楚地记得当时自己在什么地方，和谁在一起，这是因为他们当时的情绪太过激动，焦虑和恐惧的体验让他们记忆犹新。这也是人类在漫长进化中形成的、对威胁生存的体验的敏感性。

实际上，几乎所有人的记忆都不是再现当时所经历的场景或细节，而是运用自己的想象力对记忆进行重构，也就是说，人们的记忆是在"脑补"。就像记忆产生的本身不是简单刻录生活，回忆也不是重新激活人们大脑中过去的痕迹，而是二次创作。

美国著名的认知心理学家、人类记忆专家伊丽莎白·洛夫特斯做过一系列经典的虚假记忆实验，揭示了产生虚假记忆的一个重要机制，那就是提问措辞中的语言暗示，这对记忆有着极为深远的影响。她的实验结果充分说明，人类的记忆在语言暗示下很容易被篡改，虚假记忆可以通过语言暗示植入。这与巴特利特"幽灵之战"的记忆实验结果是一致的。

后来，法国神经学家罗曼·布雷特对记忆的认知理论进行了重大修改，他提出，我们大脑形成记忆的过程，并不是被动接受外部环境信息，而是主动建构自己与环境的关系，并且用数学概率的方式去评估哪种关系发生的可能性更大。当然，我们大脑评估的方式是依据自己的固有经验，比如曾经发生过的，亲身体验过的，亲手做过的，这样一来，评估发生的概率就会大大增加，也更有可能被大脑采纳，成为我们的理性决策。

2008年某地大地震中有一个幸存者，当年他只是一个8岁的男孩，如今已经是成年人了。据他回忆，地震发生时，他正在教室上课，突然地动山摇，灯和黑板都掉在了地上，墙体裂开。当时教室里一片混乱，大家大哭起来，老师大喊，让大家钻到桌子底下去。当时他在桌子下面害怕极了，身体完全僵住，不停地喊"妈妈"，希望妈妈能听见他的呼唤。过了一会儿，地震停了，幸运的是，教学楼没事。老师赶紧组织学生往操场上跑。他当时觉得自己的腿已经软了，并且尿了裤子，他说自己根本就控制不住。

后来，尿裤子的毛病伴随了他很多年。只要外界有一点风吹草动,比如桌子晃一下、东西掉下来,他就会非常害怕,下意识地往桌子下面或者床底下钻,还会尿裤子,曾经地震时的画面会像放电影一样止不住地从记忆里冒出来。有一次外面刮大风,声音很大,他吓得躲在桌子下面不肯出去,裤子再次尿湿。

他为什么会有这种反应呢?这其实跟我们记忆中的一种机制密切相关,那就是"情绪启动效应"。

记忆的"情绪启动"

相信大家都有过这种经验:有些人情绪难以捉摸、变幻莫测,有时候不知被哪些话语刺激到,他们会莫名其妙地生气;有些人经常会触景生情。米尔纳、坎德尔他们由于感兴趣潜意识,在认知神经科学领域,想进入潜意识领域需要一把"钥匙",叫作"启动效应",即在人的大脑里按下一个开关,然后大脑中的某一个区域就会从待机状态变成唤醒状态。

比如我们在网上浏览汽车广告,当页面的背景是金币图案时,我们就会不知不觉地去关注车子的价格。"金币背景"就是那个开关,而"对价格的关注"就是大脑里被启动的部分。而且,启动效应这把"钥匙"不仅能够开启潜意识的大门,还会把跟这个记忆有关的情绪也一并带出来，这就是记忆的"情绪启动"。

"情绪启动"引发了心理学家的广泛关注，他们发现这种情况一般都是在感觉界线之下发生的。一些个体无法知觉的情绪词语或情绪图片出现时，就会触发情绪的启动效应。例如我们在给来访者做咨询的过程中，某些词语一出现，他们的情绪马上就会浮现。

对于"情绪启动"，美国耶鲁大学的社会心理学家约翰·巴奇教授及其同事曾进行了一项实验研究。实验中，巴奇在非常短的时间内给被试者展示了一些带有情绪色彩的词语。每次词语的呈现时间为300毫秒，被试者根本无法察觉词语到底是什么。巴奇教授将被试者随机分成了四组，给他们展示不同的词语。

给第一组被试者展示的是强烈积极型词语，如音乐、朋友。

给第二组被试者展示的是强烈消极型词语，如癌症、蟑螂。

给第三组被试者展示的是微弱积极型词语，如游行、小丑。

给第四组被试者展示的是微弱消极型词语，如星期一、蠕虫。

被试者看完这些词汇后，巴奇教授让被试者填写情绪量表，以获知他们的情绪状态。通过数据发现：带有情绪色彩的词汇会不知不觉地影响个体的情绪，本来没有明显情绪波动的被试者，情绪会在 300 毫秒的展示中逐渐被调动起来。

巴奇教授的情绪启动效应实验，在现实中有一个非常神奇的案例——阿尔巴尼亚，这是一个"凤凰涅槃"的国家。苏联解体后，很多东欧国家走向衰落，阿尔巴尼亚也不例外，面临着转型困境。但由于基础设施落后，法律不健全，工业体系残破不堪和腐败横行的管理，根本没有人愿意来这里投资。有一段时间，当地民众普遍情绪低落，对自己的国家失去了信心和希望。

这时，一个叫埃迪·拉马的人当选了阿尔巴尼亚首都地拉那的市长。他不是政治家，而是一位画家，在世界很多地方举办过画展，还拿过大奖。拉马接手地拉那市时，整个市的财政已亏空殆尽，不但没钱，还欠了许多外债，连修理下水道的钱都没有，这还如何搞建设呢？正在大家一筹莫展的时候，艺术世家出身的拉马选择了一个非常奇怪的方式重振城市——把地拉那市当成画布，比如城市的外墙、桥梁，甚至工厂的烟囱，在上面作画。拉马的想法一经提出，就遭到了很多人的强烈反对，他们认为这个人疯了，根本不知道如何管理城市。但鉴于拉马的方案不用花什么钱，最后在他的强烈坚持下，大家就抱着试试看的态度，开始了特殊的"城市改造"。

拉马还别出心裁，凡是符合欧盟标准的建筑颜色，他一概不用，而是改用非常鲜艳的颜色。绘画的方式就是涂鸦，高的能有几十米，造型各异。在拉马市长的带动下，这场"城市改造"运动一干就是8年，整个地拉那市被改造得五彩斑斓。然后，神奇的事情发生了，从2000年到2008年金融危机前，由首都带动的阿尔巴尼亚的国内生产总值增长了4倍。2013年，拉马高票当选阿尔巴尼亚总理。他后来做了一场演讲，题为"如何用色彩夺回城市"。

难道是这些"涂鸦"恢复了人们的信心？是的，你猜对了。国家发展虽然需要钱，需要工业生产资料，但更需要的是人的自信，尤其是人们对未来的信心。五彩斑斓的涂鸦激发了人们的积极情绪，当大家的积极情绪汇集在一起时，民众就有了建设城市、发展经济动力和信心。也就是说，环境中的要素会启动人的情绪，长期以来对环境的认知，会造就人的性格和认知偏好，以及记忆。

如果我们把大脑理解为一个复杂的集成电路板，情感就是电路里的电流，我们面对的外部情景就是电压，而我们的记忆就是电路板上的电路图。当面临重大生活事件时，我们会体验到强烈的负面情感体验，尤其是亲人离世、战争、灾难、重大传染病等生离死别的时候，外部环境给予的"电压"会远远超出"电路板"

03 功不可没的"海兔实验"：
揭秘记忆的本质

的负荷，强大的"情感电流"会瞬间击穿"电路板"，大脑会"烧坏"。"烧坏"最直接的反映，就是出现精神类疾病，比如精神分裂症、情感障碍等，这类精神疾病会严重损伤人们参加劳动与正常社交的能力，并且很难治愈。

为了防止被电流烧坏，我们的大脑进化出了一种心理防御机制——情感隔离（Isolation of Affect），相当于电路板上的开关或者保险丝。并且，为了进一步确保电路板不被烧坏，我们的大脑又在电路板的线路上"涂"了一层厚厚的绝缘"涂层"，防止外在环境刺激让电路板"短路"，这就可以将人们在危机情景下自然产生的强烈情绪情感从认知中剥离出去。如此一来，人们在重大危机情景中就会暂时与强烈的痛苦隔离开来。然而，绝缘涂层有个副作用，就是让记忆线路暂时关闭，人会选择性遗忘很多东西。而实际上，这并不是真正的遗忘，环境里跟痛苦记忆有关的线索依然能诱发情绪，重新启动记忆线路。

某年大地震时，一个人去灾区当志愿者，完成任务返回后，有一次他在开门，钥匙卡住了，打不开门，他一下就情绪崩溃了，七尺男儿像个孩子一样坐在地上哭。后来与他沟通我才知道，他在做志愿者时，看到了太多的人间惨状，自此心底埋下了一种"我做什么都没用"的无助感与绝望感。而开门这件小事让他又一次体验到了自己做什么也没用的感觉，大脑中强烈的情绪电流将他"击穿"，"电路板"瞬间"短路"，启动了他在地震灾区救援时的痛苦记忆。

如何提高记忆提取的效率

经过一代又一代科学家们的努力，记忆的神秘面纱终于被揭开了。那么，我们该如何用好科学家们揭示的记忆规律，来帮助自己更好地开展学习和工作呢？我们从五个层面阐述。

营养层面

无论是短时记忆还是长时记忆，都离不开各种蛋白质、氨基酸、多肽等化学物质，特别是长时记忆，其本质就是生长出全新的神经突触，而神经递质与神经突触生长的原材料，则必须从各种食物中的营养里获取。因此，要想记忆力好，必须把营养基础打好，营养不良或者营养不均衡，都会影响记忆。尤其是处于生长发育期的儿童和青少年。

这里给大家提供一个标准——2022版《中国居民膳食指南》，看宏量营养素的比例，也就是碳水化合物、蛋白质和脂肪的摄入能量占比。根据全世界营养学专家形成的共识，这三种宏量营养素是构成食物最主要的营养素，在饮食结构中有着基石一样的地位。但我们不能忽视的是，任何一种宏量营养素的比例过高或者过低，都会给身体带来额外的负担。只有营养科学均衡、保质保量，我们的身体才能健康，大脑的神经系统才会有健康运行的基础，人才能获得好的记忆力。

睡眠层面

美国哈佛大学医学院曾在《现代生物学》杂志上刊登研究报告称，睡眠能帮助人们记住大脑刚接收到的信息，尤其对记忆大量相似信息特别有效。睡了一觉的受试者，比不睡觉的受试者能更好地回忆起此前看过的词组。美国亚利桑那州立大学刊登在《科学》上的一篇研究报告显示，人睡觉时大脑仍在忙碌地工作着，强化自己白天做过事情的记忆，那些经历会在脑中飞快地重放。

研究人员让啮齿动物在白天学习以某种特定方式围绕一个圆形竞技场奔跑，通过记录和比对其大脑中部额叶前部皮质的表现发现，它们在睡觉的时候，大脑中的图像变化比醒着时在竞技场绕圈时快六七倍。研究人员解释说："睡觉时老鼠的大脑活动加速了，以巩固记忆。睡眠有助于神经元形成具体连接树突的分支，以促进长期的记忆；当我们学到新的东西，一个神经元会在一个特定的分支长出新的连接。想象一下，这就如同一棵树在一个特定的分枝上长出发芽的叶子（棘刺），而不是在另一个分枝上。"

2021年，法国国立卫生研究院、索邦大学教授加布里埃尔在《科学》发表的一篇文章中指出：记忆的形成过程，实际上是由大脑来决定哪些新的经验可以被储存以及被整合到已有的记忆中去，从而让记忆库持续更新。记忆形成于清醒状态下，是新经验连续的输入过程。睡眠则给大脑提供了一个缓冲期，即在没有外部刺激的干扰下分类和增强新编码的记忆。这个过程其实是在巩固记忆，进而促进长期记忆的产生。换句话说，坎德尔发现的长时记忆存储机制，在睡眠状态下能形成得更快更好。

情绪情感层面

让我们印象深刻的往事大多掺杂着某种强烈情绪。研究发现，当杏仁核处于被激活的状态，也就是情绪高涨的时候，记忆效果会很好。杏仁核是"情绪的工厂"，平时我们感受到的喜悦、悲伤、焦虑等情绪都出自这里。杏仁核用情绪来启动记忆，海马体则用情景和位置来启动记忆。当杏仁核和海马体联动时，就会将"情绪"与"情景"结合起来，形成"情景模式"，并留存在大脑中。

03 功不可没的"海兔实验":
揭秘记忆的本质

当我们遇到与上次差不多的危险情况时,记忆就会提醒自己多加小心,降低危险再次发生的概率。比如,某人在某个地方的草丛里被蛇咬了,差点丧命,这段恐怖经历和这个场景就会结合起来,这个人下次再经过这里,大脑会从海马体中调出情景记忆帮他识别出"这里有蛇",同时,杏仁核会调出上次的恐惧情绪,让他感到害怕,提醒他赶紧离开,防止再一次受到攻击。

这也是为什么当人们遭遇了自然灾害、他人伤害,或者经历人生重大变故时,这些事件所带来的恐惧、厌恶、悲伤、愤怒、受挫等负面情绪会对心灵造成巨大伤害,同时也会留下深刻而无法忘怀的记忆,严重时,这些不断浮现的记忆甚至会导致创伤后的应激障碍,诱发各类心理疾病。

但是反过来说,我们也可以利用这种记忆规律:尽量把知识放在一个特定场景中,跟特定情绪联系起来,一旦"情绪"跟"情景"完成了联动,记忆就会变得非常容易。举个例子,学习文天祥"人生自古谁无死,留取丹心照汗青"这首千古绝唱时,你可以通过历史资料尽量还原文天祥当时的处境,感受他面对山河破碎时的场景,闭上眼睛想象一下,作为一朝之丞相,亲眼看着自己的君王被俘,宫里的妃子、宫女被强暴受辱,皇帝跳崖,群臣一个接一个地赴死，南宋军民遭到残忍的杀戮，自己却只能看着，什么也改变不了。

当这一幕幕悲剧摆在你面前时，你或许能感受到文天祥的感受，也就能够理解他当时的想法——"我堂堂大宋丞相，怎能降服于屠我军民、碎我河山的异族他邦！与其苟且，宁肯一死，为国尽忠。"他的诗如果能让你的悲愤情绪涌上心头，相信多年之后，你也不会忘记此时的记忆。

联想的画面越有穿透性，场景越细致，尤其是对知识中所涉及的人物的感受越深刻，知识就越能记忆长久。

认知层面

从所有关于记忆的实验中我们可以发现，记忆的内容需要不断重复才能记得住。但这绝不意味着要对所需记忆的内容"死记硬背"，这绝对是一种笨办法。无论你用的是什么记忆法，只要是让你硬着头皮不断重复，那就尽量少用，因为这会消磨你的意志，压抑你的情绪，对所记忆的内容彻底失去兴趣。

在记忆的研究中，有一条非常重要的规律，那就是我们更容易记住故事，以及彼此有关系的内容。而且在提取记忆时，我们也是根据故事的逻辑骨架进行"二次创作",故事的细节一般都会遗忘。反而是根据自己的经验,结合逻辑骨架把细节编进去。既然记忆的规律就是这样,我们就要利用好这个规律。接下来,我从理性认知的角度,给大家介绍三种记忆方法:

第一,骨架记忆法。比如你要背诵一篇很长的文章,在记忆的过程中,可能内容会相互混淆,不是弄错了段落,就是弄错了对象,有时候背着背着就卡住了。这是因为后面记住的内容会干扰前面记住的内容。心理学上有"前摄干扰"和"倒摄抑制"这两个记忆效应,前者即旧知识干扰新知识;后者则是反过来。倒摄干扰可能是导致遗忘的最重要原因。

对这个问题,我们拿到文章先不要急着背诵,而是先仔细阅读,然后把逻辑骨架剔出来,将各种场景和细节描写,以及各类形容词、副词、介词等,全部剔除,只留下"主、谓、宾"。接下来,把"骨架"拆开,再将"主、谓、宾"按照原文的逻辑顺序排列成清单,将这个清单背熟。下一步,按照文章的逻辑,把拆下来的"骨头"拼回去,把原来的细节描写、各类形容词、副词、介词等加回去,这样"一拆一装",基本就能把文章记住了。

第二,链式记忆法。在所需记忆的材料之间架起桥梁,像连接锁链一样，把记忆内容一环一环扣起来，形成一个记忆链条，从而更快记住大量的内容。比如，现在要你按顺序记住以下单词：lag（落后）、flag（旗帜）、lash（鞭打）、flash（闪电）、lame（瘸的）、flame（火焰）、are（是）、flare（熊熊燃烧，闪耀）、flip（轻击）、lip（嘴唇）、flight（飞行）、light（光）。按照链式记忆法，我们可以这样把这些单词串起来："落后的旗帜，鞭打着闪电，残废的火焰，是在熊熊燃烧，轻击着嘴唇，飞翔在光中。"虽然内容看似很无厘头，但却找到了词与词之间的关系，这样串起来，再多的词你都能记住。

这里要说明的是，采用什么样的方法并不重要，重要的是要让它们彼此连接。你甚至可以把自己当作主角，根据这些词汇编一个故事，把连接升级，因为故事有情节、有意义，能让人情绪高涨，假想是自己身上发生的故事，就会记得更牢。连接完成后，你可以把假想的所有内容重新回想一遍，尽量还原刚才建立的连接，这样不会跟之前的连接产生记忆混淆。

第三，图像记忆法。大脑对图像的记忆效果要远超过对抽象符号（语言文字、数学符号等）的记忆效果。就左右脑的分工而论，人的右脑是个图像脑，具有非常大的图像记忆空间，比传统的死记硬背的记忆空间大了无数倍。有句俗语叫"一张图片胜过一千个单词",这是对图像记忆效果的最好赞美。

举个例子,我们根据李白的《早发白帝城》这首诗,在脑海里勾勒一幅图画进行记忆,并用自己的语言表达出来。比如:太阳缓缓地从崇山峻岭中露出了脸。满天的彩霞把江水映得红红的,阳光照射在江面上,波光粼粼仿佛跳跃的音符。白衣翩翩的李白乘坐着一叶扁舟顺江而下。他站在船头眺目远望,舒爽的江风和壮丽的山河使其心情舒畅之极。两岸不断传来的猿啼声仿佛在呼应他的心情。李白豪迈地大笑,高声吟诵着新作:"朝辞白帝彩云间,千里江陵一日还。两岸猿声啼不住,轻舟已过万重山。"

如果我们把"具体图像"和"抽象符号"相结合,也就是把我们需要记忆的知识跟具体的图像关联起来,那就是"核弹"级别的记忆大招,也叫作"记忆宫殿法"。就是在头脑里建一座细节完备的虚拟宫殿,设计一条游览路线,然后把你要记忆的信息跟游览路线上的主要景物绑定起来,这样你下一次游览宫殿的时候,便能顺着路线上的景物想起那些信息。很多记忆大师都是用这种方法记住了海量信息。此外,平时多画一画思维导图,或者记住某一段知识在课本里相对于一幅图的位置,也都能辅助记忆。

兴趣层面

可能你也发现了，如果所学的内容是自己感兴趣的和好奇的，那么即使记忆的次数很少，你也照样能把知识记住。相反，不感兴趣的知识内容可能学了很久也记不住。因此，想要提升记忆效率，主动培养对学习内容的兴趣将是一个很好的入手点。我上大学时，隔壁宿舍有个兄弟非常喜欢看美剧《老友记》，几乎除了上课就是一遍一遍地看这部剧，台词都能背下来了。后来，这位兄弟很轻松就通过了雅思考试，而且听力和口语成绩非常好。可他基本没背过单词，更没有刻意练习过听力。"兴趣就是最好的老师"，就是因为兴趣对于记忆力有增强效果。

04

从"巴甫洛夫的狗"到"斯金纳的鸽子":
了解学习的初级阶段

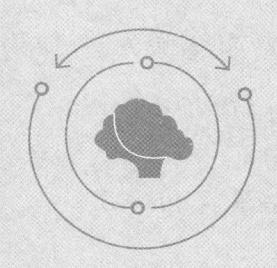

说到"学习",我们太熟悉了,这是我们从小到大都在做的事,也是父母和老师天天挂在嘴边的话题。但你能具体说说,什么是学习的本质吗?

答案千奇百怪,有人说学习是自我成长,有人说是提高自己,或是让自己更具竞争力。当然,许多人一提到学习,还会马上联想到"头悬梁锥刺股"或者"凿壁借光"等成语。这些都没错,前者描述的是学习的目的,后者描述的则是学习的过程和状态。

但请你仔细想想,这些是学习的本质吗?

如果不清楚学习的本质,我们便无法科学地提升学习能力。

04 从"巴甫洛夫的狗"到"斯金纳的鸽子"：
了解学习的初级阶段

初始学习：刺激-反应

要弄清什么是"学习"，我们先要回到这个问题的原点——学习最初是从哪里来的。

最早的生命出现在 35 亿多年前的海洋，自此，生命开始了漫长的进化历程，生命形态也从简单逐渐变得复杂，由低级升到高级，由单细胞演化成多细胞。而无论是最简单的单细胞生物，还是较复杂的多细胞生物，都表现出了对环境的适应能力。

最低等的动物是原生动物变形虫，虽然结构非常简单，但能对外界复杂的刺激做出反应，比如它会朝着有食物的地方运动，避开对自己有害的环境，而且吃饱之后就不再朝着食物方向运动。

那么，动物只要具备了这种"刺激-反应"模式就够了吗？肯定不行，因为"刺激-反应"模式存在重大缺陷，那就是非常僵化，不够灵活，并且带有很强的盲目性。举个例子，飞蛾扑火的"自杀"行为你应该见过，就是一个反本能的现象。

问题出在哪儿呢？就是"刺激-反应"模式的缺陷。飞蛾的基因代码中只预先写了让它晚上朝着月光飞，但谁知道后面出现了人类，人类又发明了烛光和灯光。飞蛾僵化的"刺激-反应"

模式完全没办法应付，最后就只能死去。

在"刺激－反应"模式下，动物每次遇到一模一样的刺激，只能机械地重复一模一样的反应。如果反应错了，它做不到吃一堑长一智；反射对了，它也不会总结成功经验。就像飞蛾，一次一次奋不顾身地扑向火焰，不是为了爱情，更不是为了信仰，它只是单纯地不长"记性"。

想解决这个问题，就要依靠学习，通过总结经验来提前预知。

被动学习：将环境刺激形成经验

学习正是大脑跟环境互动的方式。只要是地球上的动物，头等大事就是活下去，而要活下去，就必须要有稳定的食物来源、适宜的生活环境，能找到配偶并把后代繁衍下去。这些跟生存有关的大事，都离不开"经验"。

比如，年长的大象能凭借经验找到水源地。经验能够帮助动物突破机械且僵化的"刺激－反应"模式，增强活下去的概率，扩大活动范围。而获得经验的过程，就是学习的过程。

说到经验的获得，就不得不提到三位心理学史上里程碑式的

04 从"巴甫洛夫的狗"到"斯金纳的鸽子":
了解学习的初级阶段

伟大科学家,第一位是俄国著名的生理和心理学家巴甫洛夫,第二位和第三位是美国著名的行为主义心理学家华生和斯金纳。他们所做的实验直接揭示了经验获得的本质规律。

先说巴甫洛夫,他揭示的学习规律被我们称作"学习1.0版本",也叫作"被动学习"。而揭示这个规律的实验,就是那只"巴甫洛夫的狗"。巴甫洛夫本来的研究兴趣是消化系统而不是学习,他的目标是成为生理学家,但一不小心成了心理学研究领域的重要人物,引领了"学习革命"。

1888年,巴甫洛夫为了证明神经系统对消化活动的控制,和同事一起做了一个"假饲"实验。这个实验说起来相当残忍,实验对象是成年的狗,巴甫洛夫先用手术方式切断其食道,再在喉咙处打一个洞,把切断的食道缝接到打洞的喉咙处。接着在狗的胃部打一个洞,并在洞口处接一根导管,以便将狗的胃液导出,再装进实验烧瓶中。

做了手术的狗被固定在一个木架上,先饿上一天。一天之后,巴甫洛夫会在饥饿的狗面前放一盘鲜肉,狗一见鲜肉,便狼吞虎咽起来。但因为食道已被切断,肉根本进不到胃里,肉和狗分泌的口水便顺着喉咙处开的洞掉回食盘里。

由于这个实验要反复做，反复验证，所以这只狗必须"乖乖活着"。它成了一个"慢性实验"样本，身体要健康，能经得起长期观察。

后来，巴甫洛夫在实验中发现，狗不仅在进食时会分泌口水和胃液，而且在看见食物或者闻到食物味道时也会大量分泌口水和胃液。于是，他继续改进实验，在狗脸上做了手术，并插入导管，把口水也收集起来。这样一来，巴甫洛夫就能通过对环境的操控，比如改变食物类型、食物容器大小、进食时间、房间光线等外部条件，并根据口水和胃液的分泌量，来精确统计狗对于食物的反应。

在一次又一次的实验中，巴甫洛夫观察到，狗看见平时吃饭

04 从"巴甫洛夫的狗"到"斯金纳的鸽子":
了解学习的初级阶段

用的空盆,甚至一直给它喂食的实验人员,也会流口水。而最让巴甫洛夫诧异的是,实验人员端着饭盆打开实验室的门时会发出嘎吱的响声,狗听见开门声音后,也会分泌口水和胃液。

这就奇怪了,到底是什么东西让狗开始分泌口水和胃液呢?巴甫洛夫猜想:这些事件在时间上有先后顺序,因而被联系在一起,产生了因果关系,狗把这种联系总结成经验,并记住了。

为了验证自己的猜想,巴甫洛夫继续实验,用木架把狗固定起来,但这一次,狗不用做胃部手术,只接受面部手术,目的是让口水流出来。

实验分为四个阶段,第一阶段,实验人员正常送食物,狗看见食物,自然而然就开始流口水。由于面部做了手术,口水会顺着导管流进用于存贮口水的容器里。第二阶段,实验人员在同一只狗面前摇铃铛,狗有些蒙,不知道实验人员想干什么,所以没给出任何反应,也没有分泌口水。第三阶段,实验人员在给食物前先摇动铃铛。第三阶段重复若干次之后,进入第四个阶段,实验人员没有送食物,只单纯在狗面前摇铃铛,狗在没有看见食物的情况下,也会流口水。

也就是说，这只狗逐渐"学会"了铃铛与食物之间的关系，因为在时间顺序上，铃铛在先，食物在后，只要一听到铃声，就以为会有食物出现。

通过这个实验，巴甫洛夫引出了四个心理学上的重要概念，即"无条件刺激""中性刺激""条件反射""强化"。其中，"无条件刺激"是指能够激发生命体本能反应的刺激，比如食物能引发食欲，那么食物就是无条件刺激。而当食物出现之后，口水会分泌出来，这就是"无条件反应"。

而在实验中，铃声是一种中性刺激，因为狗单纯听铃声是不会流口水的。但如果把铃声跟食物多次联系起来，就会出现这两个刺激之间的关系"强化"，形成"条件反射"。当铃声与食物形成联系之后，单独出现铃声，狗也会流口水。

看到这，你以为就完了吗？当然没有，巴甫洛夫有一种"打破砂锅问到底"的严谨科学精神，而那只可怜的狗也继续被固定在架子上反复实验。接下来，巴甫洛夫做了这样几个实验：

首先，他把最初建立条件反射的铃铛给换了，用了音叉、节拍器，甚至灯光，结果发现，只要无条件刺激与中性刺激在空间和时间上接近，并按照一定规律出现，条件反射就能形成。

04 从"巴甫洛夫的狗"到"斯金纳的鸽子":
了解学习的初级阶段

接着,巴甫洛夫在摇铃铛与食物出现联系的次数上做文章,发现联系次数越多,狗的口水分泌就越稳定,这说明条件反射建立得更稳固。如果摇铃铛与食物出现的次数联系不够,这种联系就很不稳定。

然后,巴甫洛夫对已经建立条件反射的狗只摇铃铛,但不给食物。可怜的狗哗哗流口水,满心期待地等肉吃,可就是不见肉的影子。时间一长,狗就对摇铃铛没反应了,口水也不流了。巴甫洛夫发现,之前摇铃铛与食物之间的联系次数越多,强化越强,狗记住这种条件反射的时间也就越长。相反,如果摇铃铛与食物之间关系不牢固,那么狗很快就会忘得一干二净。

巴甫洛夫还发现,狗逐渐忘记铃铛与食物之间的关系、不再流口水之后,如果突然哪天又在摇铃铛之后给食物,这种联系还会很快恢复,并不用做太多训练。也就是说,狗其实并没有忘记摇铃铛与食物之间的关系,只是暂时放到大脑后台搁置起来了,只要联系再次出现,条件反射会立马恢复。

最后,巴甫洛夫还用不同的音频和音调做实验,他先把 500 赫兹的音调与食物进行联系,形成条件反射,再给狗播放不同的音调,看口水分泌量。结果发现,狗对 500 赫兹左右一定范围内的音调都会产生条件反射，只不过越靠近 500 赫兹，反应越明显，口水分泌越多。这时，巴甫洛夫只在 500 赫兹之后给狗食物，在其他音调时一概不给，结果狗只对 500 赫兹有反应了。

巴甫洛夫的实验为世人揭开了学习规律的面纱，也让他为世人所知。后人称巴甫洛夫所发现的学习规律为"经典条件反射"。

实际上，如果仔细复盘巴甫洛夫的条件反射实验，我们不难发现，巴甫洛夫发现了大脑神经系统与外界环境刺激建立关系的规律，在条件反射的作用下，高等动物将大大突破"刺激－反应"的僵化模式。只要跟吃饭、繁衍、求生等本能需求有关，就可以通过时间或者空间上的逻辑，跟与生俱来的本能建立起关系，让本能需求得到满足，动物还能大大提升生存概率。

换句话说，巴甫洛夫所揭示的学习规律就是——学习一定要跟本能有关。只要你所学习的材料跟生存本能挂上钩，产生空间或者时间上的某种联系，那么只要经过多次强化，就会形成稳定的经验。

比如，你在课堂上学英语怎么学都学不好，口语就是不会说，但如果让你独自在国外陌生的环境里生存，为了讨生活，你会很快练得一口流利的英语；如果你爱上了一个只会说英语的女孩，

04 从"巴甫洛夫的狗"到"斯金纳的鸽子":
了解学习的初级阶段

为了能跟她一起生活,你的英语也会突飞猛进。

情绪学习:形成经验需要深刻的体验

巴甫洛夫的研究和学说直接引发了心理学史上的一场革命,并由此诞生了心理学重要的研究流派——行为主义心理学。接下来,心理学史上备受争议的美国心理学家约翰·华生要出场了。巴甫洛夫的实验涉及动物伦理,已经惹了不少争议,而华生直接用婴儿做实验,更是"冒天下之大不韪"。

华生通过大量观察,发现许多孩子恐惧黑暗,而在成年人世界中,许多人看到蟑螂、老鼠、蛇时,也会表现出强烈的恐惧心理。华生于是考虑,人的这些恐惧情绪,到底是从哪儿来的?

在科学心理学出现之前,人们普遍认为,情绪是人类的本能,是从娘胎里带出来的。按照这个说法,恐惧就是先天的,这实在令人绝望。而华生不这么认为,他觉得,情绪是人们对环境中某种特定刺激的条件反射。也就是说,你的情绪反应是由你所经历的事情决定的。

那么,华生是如何来证明自己的说法的呢?

华生认为，想解决这个问题，就要用婴儿做实验，因为婴儿是没有受过后天文化和教育影响的。现在看来，这种实验非常不人道，但在那时，科学伦理还不完善，对儿童的保护很糟糕，只要肯给钱，就有父母把孩子送过来做实验。就这样，华生还真找到了一个11个月大的婴儿，他就是小阿尔伯特。

为了找出让婴儿产生恐惧的条件，华生还提前找了一批孩子进行了预实验。经过反复测试，他发现有两点会引发孩子的恐惧：一是巨大的响声；二是被关到小黑屋时，让孩子失去外界的支持。这些都能引起显著的恐惧反应。

随后，华生选择用第一种条件对小阿尔伯特进行实验。

为了找到最能让孩子害怕的响声类型，华生几乎把所有能敲击出声音的材料都试了一遍，例如铁棍打玻璃、斧头劈柴、锤子砸桌子等，最后他选定了铁锤和铁条，铁条直径为1英寸、长3英尺，当然，尺寸也都是精心设计过的。

在第一次的实验中，华生先将一只小白鼠放到小阿尔伯特面前，他的注意力慢慢被跑动的小白鼠吸引。当小阿尔伯特和小白鼠玩得正起劲时，华生突然在小阿尔伯特背后用铁锤使劲敲击铁条。

04 从"巴甫洛夫的狗"到"斯金纳的鸽子":
了解学习的初级阶段

　　小阿尔伯准备触摸小白鼠时,背后传来巨大的响声。"咣!"他吓得全身一颤,目光呆滞,眼睛瞪得像灯泡一般,但他并没有哭。当小阿尔伯特再次准备触碰小白鼠时,华生又在他背后敲响了那根铁条,这一次,小阿尔伯特彻底吓哭了,而且哭得相当"惨烈",实验也因此暂停。

　　一个星期之后,小阿尔伯特又被带到了实验室,再次接受一样的实验。而这一次,小阿尔伯特有了明显变化,他变得非常谨慎小心。当华生把小白鼠放在小阿尔伯特面前时,他居然不敢去碰。于是,华生把小白鼠拿近了一些,小阿尔伯特才伸出右手准备触摸。华生看准时机,再一次重重敲响铁棍。小阿尔伯特又被巨响吓了一跳。

　　就这样,华生几个来回下来,让原本一点都不怕小白鼠的小阿尔伯特变得非常惧怕。只要小白鼠出现,小阿尔伯特就会大哭,并以极快的速度向后爬行,想要逃离。

　　然而,"恐惧"实验还没有结束,华生又把其他"带毛"的东西,比如兔子、狗甚至头发放在小阿尔伯特面前进行敲击实验。结果,只要是带毛的东西,小阿尔伯特都会哭闹,并马上逃跑。

　　到这里,实验终于结束了。华生用铁的证据证明,每个人的独特经验决定了他们所害怕的东西，这说明恐惧情绪的确是习得的。

华生认为，只要创造一个环境，他就可以把任意一个孩子塑造成任何他想要的样子。

当然，小阿尔伯特的父母也拿到了高额的实验报酬，但是，后来小阿尔伯特怎样了呢？这远远超出了华生的预期，因为他还不清楚，一旦恐惧经历给人的心理留下了伤痕，这道伤痕会持续"渗血"，演变出"蝴蝶效应"，从而影响人的一生，尤其是健康。

后来也确实有人调查过，小阿尔伯特的真名叫道格拉斯·梅里特，但可惜的是，道格拉斯在 1922 年就患上了脑积水，1925 年就夭折了，年仅 6 岁。虽然没有直接证据显示华生的实验是造成道格拉斯最后患病和离世的直接原因，但道格拉斯在幼年时期，被恐惧所折磨却是事实。

华生所在时代的人普遍认为，任何事物都是可被计算、可被控制的，人也是机器，可以通过类似齿轮的机械传送原理来控制。

华生的实验很不人道，他过于强调后天经历和环境对人心理与行为的影响，但不能否认的是，华生发现了学习的重要规律，即情绪体验对于形成后天经验的重要作用。

实际上，从进化的角度来看，恐惧本质上是人们从原始社会长期进化出的一套应对环境、保障生存的机制。比如你曾经在某地遇到过野兽并且受到伤害，恐惧就会让你永远记住这个地方。在原始社会，这种"先天恐惧"可以看作留在人类 DNA 中的生存本能。

而华生在实验中通过敲击铁棍唤醒婴儿本能的恐惧情绪，并在时间或者空间上，将这种情绪跟小白鼠这种中性刺激联系到了一起。一旦小白鼠跟恐惧情绪联系在一起，就会成为一种极为深刻的体验刻进人的大脑，形成经验。

其他情绪也一样，都能够帮助动物或者人形成稳固而深刻的经验，并且非常不容易忘记。随着时间的流逝，当初引发恐惧的事物还会变成既模糊又粗糙的感觉。这种感觉不像理性分析那样精准，当初引发恐惧的所有相关事物，都会让人感到恐惧。而且最初让人恐惧的事物，可能已经记不清了。

华生的发现对学习规律来说太重要了，要知道，学习任何知识，如果它无法唤起你的积极情绪，却唤起了你的消极情绪，让你一碰到学习就感觉恐惧或者痛苦，学习活动就不可能维持下去，相应的知识经验也就无法形成稳定的记忆。

主动学习：万物皆可"有关系"

后来，年仅 37 岁的华生因为对行为主义心理学体系的卓越贡献，被选为美国心理学会主席，进入人生巅峰时刻。而就在此时，华生出轨了，对象是跟他一起做实验的女助理。由于此事影响很大，华生被迫辞去霍普金斯大学的职务，中断了他红极一时的学术生涯。

虽然华生离开了学术界，但行为主义心理学的研究并没有停止，心理学家对于学习机制的探索变得更加深入。这里就要提到第三个人，就是行为主义心理学理论的集大成者和倡导者，美国心理学家博尔赫斯·弗雷德里克·斯金纳。斯金纳最著名的科学成就是他发明的一个相当科幻的实验装置，被人们称作"斯金纳箱"。

这个装置从外面看像一个箱子，但更像一个关动物的笼子。箱壁的一边有一个金属压杆，可以向下按压，上面是信号灯和扬

04 从"巴甫洛夫的狗"到"斯金纳的鸽子":
了解学习的初级阶段

声器。压杆旁边固定了一个装食物的小盒,盒上有个小孔,孔外是食物投放器。这个设备可以根据实验人员的要求定时,或者在满足某一条件的前提下向食物盒内投放食物。比如,当动物在箱内按下压杆,投食器就会释放一粒食物,并从小孔口落入盒子内,动物就可以吃到食物。

不过，在不同的实验阶段，斯金纳箱的具体结构不太一样。最早的实验对象是鸽子，箱子里面什么都没有，只有一个红色按钮。斯金纳将一只饥饿的鸽子关到里面，它东啄啄西啄啄，最后误打误撞，终于啄动了红色的按钮。结果，箱子食物盒里突然蹦出几粒鸽子最喜欢吃的玉米粒。

从那以后，鸽子碰按钮获得食物的频率越来越快，它好像意识到了按钮与获得食物之间的联系，开始有意识地去按按钮。就这样，鸽子一直啄，玉米一直蹦，直到吃饱为止。

要知道，鸽子的遗传基因中从来就没有"按键拿吃的"这样的行为模式，这个行为必须通过后天的学习获得。不仅是鸽子，斯金纳把饥饿的老鼠关进斯金纳箱，它到处乱摸乱闯，最后也误打误撞碰上那根压杆。压杆一被按动，食物就掉进了箱子里。很快，小老鼠也学会了自己按压杆来获得食物，直到吃饱为止。

04 从"巴甫洛夫的狗"到"斯金纳的鸽子"：
了解学习的初级阶段

随后，斯金纳又升级了实验装置，在箱子底部装上了能通电的栏杆。一开始，实验人员会给栏杆通电，老鼠会被电击到"吱吱"大叫。直到一次偶然的机会，老鼠按到了压杆，发现只要一按这里电击就会停止。几次之后，老鼠就学会了。

那么，鸽子或老鼠是怎么学会的呢？这中间一定发生了什么。

通过大量的动物实验和实际观察，斯金纳把鸽子和老鼠的这种模式称为"操作性条件反射"，并认为动物之所以会出现这样的行为，有一个关键，那就是"强化"的作用。也就是说，动物的哪些行为会得以保持，哪些行为最终会消失，只取决于做出这些行为后得到的是何种强化。

这里要专门解释一下"强化"的概念，强化是通过奖励或惩罚，对一种行为进行肯定或否定。说白了，就是动物出现了符合实验人员要求的反应，就给予奖励，比如食物，这是正强化。而小老鼠按压杆后就能停止电击，这相当于免除惩罚，也就是负强化。

再后来，斯金纳把已经学会按压杆的老鼠放进箱子里。这一次，只要老鼠一按压杆，它就会被电击。慢慢地，老鼠学乖了，再也不敢碰压杆了。这就是我们经常见到的"惩罚"。

而"惩罚"与"强化"有显著的不同。当老鼠发现按压杆之后电击没了,马上就会恢复按压杆的行为。如果这个时候,按压杆之后不但没有电击,反而还有食物,那老鼠就会开始疯狂地按压杆,仿佛要把自己曾经缺失的机会全都补回来。

值得说明的是,负强化再负面,也是人们所向往的,而惩罚则是人们力求回避的,因此,我们不能将负强化等同于惩罚。正强化、负强化会导致行为反应频率的增加,而惩罚则会导致行为反应频率的降低。

斯金纳凭借执着的科学探索精神,进一步升级了实验。这一次,斯金纳在给动物投喂食物的时间和次数上面做了文章。也就是说,当鸽子啄按键或者老鼠按压杆之后,它们并不会每一次都能获得食物,可能要按五次、十次,甚至二十、三十、四十次,才能得到食物。神奇的事发生了,鸽子和老鼠一直不停地按动按钮或者压杆,不厌烦、不灰心,乐此不疲,跟在赌场里无休无止地拉动老虎机拉杆的人简直一模一样。

斯金纳又突发奇想,把箱子里投食器设定为随机投放食物,也就是说,投放食物与按按键或者压杆之间的关系是随机的,这次可能按压3次就会出现食物,下次可能需要按压15次。

04 从"巴甫洛夫的狗"到"斯金纳的鸽子"：
了解学习的初级阶段

　　这下彻底把鸽子和老鼠搞凌乱了。斯金纳本想看看这种随机强化方式能不能进一步增加动物们按压行为的频率，但却观察到了一个非常奇怪的现象：鸽子每次触碰机关之前，会做一些奇怪的动作，比如有的鸽子会一直扇动翅膀，有的鸽子会在箱子中间顺时针转圈，还会有节奏地晃一晃脑袋；有的老鼠会用头去撞左边的墙，有的则是往相反方向跑。

　　斯金纳还发现，如果这些鸽子和老鼠做出这一系列奇怪行为之后真的有食物掉落，奇怪行为就会愈演愈烈，越来越夸张，就算把食物完全停掉，这些行为也已根深蒂固，难以消除。

　　由此看来，动物们会发展出一套行为模式，并且希望用这种模式引发掉落食物。这是典型的迷信行为，即强行把一种行为跟某种外界因素联系起来，并期望某种结果的发生。比如古人求雨，大家一起跪地祈祷，一起跳求雨舞，并且献上祭品，把自己的祈祷行为强行跟下雨联系在一起。要知道，下雨是大气环流的结果，跟祈不祈祷没关系。斯金纳箱中的动物也一样，无论怎么行动，食物掉落与否都是由投食器的程序来决定的。

　　那么，动物为什么会出现迷信行为呢？斯金纳联系之前的一系列实验，发现了动物和人类总结经验的一种模式——如果自己做出的某个行为让自己得到了快乐或痛苦，就会将行为与外部环境之间建立起因果关系。

动物们的迷信行为就是这种因果关系的有力证明，当食物出现时，有的鸽子在扇翅膀，有的鸽子在转圈，有的老鼠在撞墙，有的老鼠在跑步。它们都把这些行为和食物的出现联系起来了。当它们反复做这些行为，食物果然又出现了，这就又"强化"了它们认定的"因果关系"，于是反过来又促使它们一直做这些动作。

# 05

"三山实验"与"守恒实验"：
从因果关系的演变看思维发展

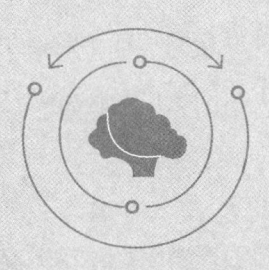

学习物质：神奇的多巴胺

在巴甫洛夫、华生和斯金纳生活的年代，受科技发展的影响，还无法搞清楚动物或人类大脑里到底发生了什么，才让他们拥有了学习行为。整个心理学研究就如同在一个黑盒子里乱摸，盒子的一头是刺激，另一头是行为反应，而黑盒子里发生了什么只能靠猜。直到现代生理学、神经科学和脑科学诞生后，尤其是大脑探测技术发展和成熟之后，科学家们才慢慢搞清楚了这些学习行为的生理学机制。

在这方面，加拿大神经心理学家唐纳德·赫布做出了巨大的贡献，他率先在神经细胞层面发现了学习行为的微观现象。巴甫洛夫的条件反射实验让赫布了解到，给狗喂食时就摇铃，经过多次刺激，狗听到铃声就会流口水。而经过反复实验，赫布发现，

05 "三山实验"与"守恒实验"：
从因果关系的演变看思维发展

神经元接受外界刺激时会产生兴奋，这些兴奋通过突触传递给相邻的神经元，经过多次传递，相关神经元之间的联结便得到了加强。当神经元之间联结的强度达到一定水平之后，不同神经元之间便会形成新的神经回路。

后来的神经科学家还发现，两个神经细胞的树突和轴突，会向着彼此无限逼近，最后会留下大约 20 纳米的距离空间。而就是这 20 纳米的地方，存在着传递神经细胞信息的重要物质，叫作神经递质。而其中有一种非常重要的神经递质逐渐进入科学家的视野，那就是"多巴胺"。可以说，这种物质跟"强化"作用息息相关。只要你做任何有利于生存、基因延续的事，比如获得食物、求偶繁衍、赚大钱、获取更高的社会地位，大脑就会奖励你。这种东西能让人的大脑感受到"快感"，让人兴奋、激动和愉悦。大脑通过多巴胺告诉你："不错，小伙儿，下次继续好好干！"也就是说，只要大脑里有了这个奖励机制，无论是动物还是人，根本不用别人教，自己就知道该去做什么，还会对所做的事情乐此不疲。所以，我们大脑的底层代码，就是让我们积极努力地去做有利于基因延续的事情。

其实，这个底层代码还有一套极为精巧的"高级算法"。神经科学家曾经做过这样一个实验，他们在猴子的大脑里植入探测器，以便了解猴子大脑中多巴胺的分泌量。接着，科学家们让猴子学习按压杆，只要能压10次压杆，它就能得到一颗葡萄作为奖励。

这跟斯金纳的实验有异曲同工之妙。猴子喜欢吃葡萄，葡萄对于猴子来说是极好的食物，有利于生存，大脑就一定会分泌多巴胺作为奖励。我们假设一颗葡萄让猴子分泌了10个单位的多巴胺。但如果这个实验重复很多次，每次都能得到一颗葡萄，猴子的大脑就会认为："嗯，现在环境不错，食物充足，你需要多找些食物源。"这时候大脑就不会给10个单位的多巴胺了，可能就只给8个；而随着实验重复的次数越来越多，大脑会一直减少多巴胺的分泌量，趋近于0个单位。这个时候，"按压10次压杆能得1颗葡萄"成了一种习惯，并在大脑中形成固定的神经通路，成为一件理所当然的事。这就是多巴胺的第一个算法，"边际效用递减"算法。

这还没完，在实验中，如果某次科学家突然随机给了猴子两颗葡萄，这就是一个惊喜，猴子大脑中原来"按压10次压杆能得1颗葡萄"的神经通路就会与现实发生冲突，多巴胺分泌量会迅速提升，甚至超过原来的10个单位。而这时，猴子大脑中还会出现一个新的神经通路——"拼命按，可能会得到更多葡萄"。

05 "三山实验"与"守恒实验":
从因果关系的演变看思维发展

它跟之前的神经通路截然不同,前者属于习惯化通路,是固定的,并且能够稳定预期;而后者是随机的,不能稳定预期,只有超出预期,多巴胺才会多给。只有这样,动物才能永不懈怠地追求更好的成绩。这也是为什么我们如此痴迷于赌博式的不确定性,因为意外的成功会刺激多巴胺大量产生。

而且,实验进一步发现,在随机给葡萄之后,就算猴子按压了压杆没有得到葡萄,也没关系,多巴胺照样能够大量分泌,因为猴子开始对葡萄的出现有了预期,而且预期本身也能刺激多巴胺的分泌。也就是说,大脑不但奖励你得到的报酬本身,还会奖励你对报酬的预期,对于非常有把握拿到葡萄的猴子来说,追求葡萄的过程才是真正的快乐,葡萄只是个附加的赠品。

那么,这个由多巴胺参与的奖励机制究竟是个怎样的生理机制呢?实际上,想要从一件事上获得满足感,仅仅有多巴胺参与还不行,大脑里还得有专门接受多巴胺的东西,即"多巴胺 D2 受体"。你可以把多巴胺理解成一把钥匙,而受体就是与之对应的锁,只有多巴胺这把钥匙才能打开。

然而,D2 受体的数量在不同人的大脑里存在差别。有些人的 D2 受体比较多,大脑只要分泌一点点多巴胺,他就能"爽到

083

飞起",而且特别容易满足。但有些人的 D2 受体比较少,就很不容易满足,大脑前额叶皮层的活跃度也会降低。

前额叶皮层负责理性思维。换句话说,如果 D2 受体少,大脑就"嗨"不起来,也就没有动力,就像汽车没油了,如此一来,前额叶皮层的运转就会慢下来,理性思维的作用就会被削弱,其导致的最大影响就是自控能力不足,俗话说就是"管不住自己"了。这种人不容易兴奋,但又渴望兴奋的感觉,所以就需要超强的刺激,让大脑分泌更多多巴胺,才能感受到刺激。酒精、毒品、赌博、出轨、偷情,就会在这时乘虚而入,让人们获得满足感。

除了先天因素,能够影响多巴胺 D2 受体数量的后天因素主要有两个方面,一个是压力,尤其是遭到重大挫折、缺乏支持,或者无人关心时的那种无助感,会直接导致多巴胺 D2 受体减少。另一个则是上瘾行为,包括吸毒、药物滥用、酒精依赖等,因为这些化学物质本身会进一步减少 D2。这是一个恶性循环,因为生存压力增大,D2 受体会减少;又因为 D2 受体减少,觉得生活没意思,自控能力下降,于是迫切地寻求刺激。而一旦沾染上了"黄、赌、毒"或者酒精,尤其是毒品,D2 受体又进一步减少。这就构成了一个闭环,这样的人会越陷越深、越来越不能自拔、越来越不容易满足,因此进入必须不断地加大剂量的时期。

这也是为什么那些生存压力大、缺乏社会支持、被他人长期忽略的人群，更容易走上这条路。研究还表明，童年缺少父母关爱、被虐待、欺负、长期与暴力和贫困共存，会损害多巴胺系统，让人长大以后更容易对酒精上瘾，对药物形成依赖，而且容易有抑郁症等精神问题。这是"童年阴影"对孩子成长的真正影响所在。

另外，科学家还发现，动物和人类的迷信行为，也可以用多巴胺来解释。有个研究是这样的，研究者先对受试者展开问卷调查，看看他们是否相信宗教和超自然现象，结果分出一个迷信组和一个怀疑组。然后，研究者给这两组人看一些类似人脸的图案，其中有的的确很像人脸，有的根本就不像，是随机的图案。研究者发现，迷信组的人，非常善于在不是人脸的图案中识别出人脸来；而怀疑组的人就比较理性，他们不会强行识别人脸，不像就是不像。

随后，研究人员让受试者服用了一种叫"左旋多巴"的药物，这个药能提升大脑里的多巴胺。结果吃了之后，本来看不出图像中有人脸的人，现在也能看出人脸了。这说明，多巴胺调节了人们发现规律的能力。多巴胺不足，明明有规律也看不出来规律；多巴胺过多，明明没有规律也能找出规律来。

不要挑战人性 ❷

学习悖论：行为主义实践中的重大缺陷

客观地讲，斯金纳的研究简直就是学习规律上的里程碑式发现。纵观我们学习模式的进化不难发现，动物的学习模式从"如果……就……"的简单反应模式，发展到"跟本能相联系"的条件反射，再到"跟情绪相联系"的体验，最后跨越到了"因为……所以……"的因果关系模式。

如果说，"如果……就……"的"刺激－反应"是最初的版本，那么巴甫洛夫的经典条件反射就是"如果……就……"的升级版。比如，在巴甫洛夫的实验里，当狗看见食物出现后，本能地开始流口水，而如果在食物出现的同时摇铃铛，狗就会把铃铛声音和食物这两件本来毫不相关的事联系在一起。我们可以将其简化为"如果听见铃声，就意味着食物的出现"。而华生发现的情绪条件反射，则进一步升级了"刺激－反应"模式，比如在小阿尔伯特实验中，小阿尔伯特的内心逻辑是这样的："如果我看见了带毛的东西，就意味着老鼠的出现，我就要逃跑，否则就会出现巨响，我害怕。"而到了斯金纳这里，学习模式发生了质的变化，因为动物的学习是依据结果来调整行为的，就出现了"因为……所以……"模式。就像鸽子啄按钮，老鼠按压杆一样，鸽子和老鼠的大脑里形成了这样的关系，"因为按压杆，所以有吃的，那我就拼命按压杆"。

05 "三山实验"与"守恒实验"：
从因果关系的演变看思维发展

然而，斯金纳是一名非常激进的行为主义者，他将自己的理论广泛用于行为塑造中，并发展到了极端程度。他认为，只要不断地奖励或惩罚，就可以塑造出全新的行为模式。他甚至认为，人没有选择自己行为的自由，也没有任何的尊严，人和动物没什么两样。

凭借着对行为主义的信仰，斯金纳将自己的理论率先运用在了教育领域。他不仅倡导老师们对学生的学习和道德品质进行及时的"强化"，还专门发明了一整套教学方法——"程序教学"，主要通过使用机器装置来提高学生在算术、阅读、拼写和其他学科的学习效率，希望机器能做某些胜过普通教师的事情。

这种机器的早期形式是呈现一些数字组合来教加法。学生在加法器的键盘上打出自己的答案，如果答案正确，机器继续运转并呈现下一个问题。下一个问题的呈现也就成了正确答案的强化信号，这与教师对学生做对算术题给予肯定回答所起的作用是一样的。斯金纳"程序教学"的基本思想是，对学生的正确学习效果必须给予及时的强化，以鼓励学生继续进行学习。而在课堂教学中，教师不可能对每一位学生给予及时的强化。但教学机器可以给学生提供个体化学习，并展开及时强化。

不要挑战人性 ❷

斯金纳的教学装置被称为"教学机器"或"自我教学装置",而作为教学基础的材料被称为程序。斯金纳为教学机器编制的程序是"线性程序",能将教学内容分成一个个小的内容单元,依次呈现给学生,供他们学习。每个单元学完后,再呈现一些测验题,测验学生的学习效果。如果学生做对测验题,教学机器就会主动呈现下一个单元的教学内容;如果出现错误,则要返回到先前学过的内容,重新进行学习。

可以说,"程序教学"在当时还是非常超前的,现在我们使用的任何教学类 App,其程序的底层逻辑都是斯金纳的这套强化机制。

但斯金纳还是不满足,他觉得自己的行为主义理论应该运用在这个世界的每一个角落,当权者应该用"奖励"和"惩罚"来塑造每一个人,从而让这个社会不再充满不公平,不再有冲突。

然而事与愿违,强化理论的确有其合理性,也的确揭示了人性的规律,让人们可以定向掌握知识和技能,但过度使用强化理论会适得其反。受行为主义思潮的影响,学校教育者起初很推崇对学生进行及时奖励和惩罚,但慢慢发现,被奖励和惩罚教育出

05 "三山实验"与"守恒实验":
从因果关系的演变看思维发展

来的学生,往往会失去灵性,对新事物不再好奇,更愿意服从,而不是独立做决定。而且,奖励和惩罚实际上是在定规则约束孩子,因此,孩子们经常激烈地反抗,甚至用极端的方式对抗教育者的惩罚。

实际上,今天孩子遇到的心理危机,绝大多数都是因为亲子关系造成的。今天的父母为孩子的成长付出了那么多时间、金钱、精力和心血,但最后的结果有时并不理想?

其实,我们在今天发生的很多悲剧中可以清晰地看见,有些孩子的父母是斯金纳行为主义教育方式的忠诚践行者。这种教育方式虽然有效,而且可量化操作,能让孩子的学习过程变得有目标、可执行、可落地,但在无形中忽略了孩子的尊严,挑战了孩子的自主意识,打碎了孩子对于这个世界的美好期待,泯灭了孩子的人性,直至酿成悲剧。

那么,究竟什么样的学习,才是符合人性的学习,才是我们人类该有的正确学习方式呢?

不要挑战人性 ❷

学习本质：在真实世界中，构建"因果关系"地图

就在后人为行为主义学习理念而纠结时，另一名心理学史上的泰斗，瑞士著名儿童心理学家让·皮亚杰出现在大众视野中。皮亚杰在儿童心理发展以及人类心智形成和认识的发生等重大问题上做出的杰出贡献，至今无人能超越。

按照巴甫洛夫、华生和斯金纳等人的观点，人类的学习是外在环境决定的。也就是说，人类和动物一样，可以将外界的环境刺激与行为结果建立关系，进而总结成经验存放在记忆中，等下次碰到类似的环境刺激，就能够出现预期的行为结果，这就是学习。

但这样的认识，却在无数次教育实践中被各种悲惨的结果"打脸"。

那皮亚杰和他的学生们是怎么做的呢？他们仔细观察了成百上千个婴幼儿，看着他们成长，记录其间发生的点点滴滴，最终发现，孩子们的学习过程比想象中复杂得多——既不是完全按照"刺激-反应"的模式，也不是机械地执行"强化理论"，孩子似乎天生就对这个世界充满好奇心，并且随着年龄的增长，还会

05 "三山实验"与"守恒实验"：
从因果关系的演变看思维发展

主动构建自己与这个世界的关系。

当然，这样的认识绝不是皮亚杰的凭空猜测，而是来自细致的观察和大量的实验。如果你也已经为人父母，肯定见过这样的场面：婴儿看到妈妈的脸就会开心地笑；妈妈用手挡住脸，孩子就会以为妈妈消失了；而当妈妈拿开手露出脸，婴儿会非常开心，认为妈妈回来了。再如，如果你把孩子喜欢的玩具拿布盖上，孩子看不到玩具，就以为玩具不在了，会哇哇大哭；可是把布再拿开，孩子看见玩具也就不哭了。

皮亚杰发现，婴儿看世界的方式与成年人截然不同，婴儿是真的认为，当一件物品不在自己眼前时，就意味着消失了。但随着年龄的增长，孩子大概在1岁以后，就会慢慢意识到事物是客观存在的，是不以自己的意志为转移的，你再这样逗弄就不管用了。这说明孩子已经建立了"客体永存"的概念。

那么，孩子是如何看待自己与外在世界的关系的？皮亚杰做了一个经典的"三山实验"：研究人员在孩子面前摆一张桌子，桌上放了三座形状和颜色各不同的山的模型，孩子坐在山的一边，另一边同样放了一把椅子，椅子上放了一个洋娃娃。然后，实验人员让孩子观察山的模型，并展示了一些从不同视角看山的模型的图片，然后问孩子，哪些是从自己视角看到的山的样子，哪些是从洋娃娃视角看到的。结果发现，大部分学龄前的孩子只能选出自己看到的样子，无法选对洋娃娃的视角。但同样的实验到了学龄儿童那里，绝大部分孩子都能选对。

还有一个很有意思的实验：皮亚杰和助手给不到 2 岁的孩子拿了两个大小相同且都装满了水的透明玻璃烧杯，问孩子哪个杯子水多。这个时候，绝大部分的孩子都能回答"一样多"。接下来，实验人员又拿了一个高一些的杯子，把刚才一个杯子里的水倒进去，再问孩子，高杯子里的水和另一个杯子里的水哪个多，绝大部分孩子便认为高杯子水多，因为这个水杯看起来比另一个高。但当实验人员再把水倒回去，孩子们就又说是一样多了。同样的实验换成 2～3 岁的孩子之后，会有更多孩子认为高杯子和矮杯子的水是一样多的。

类似实验皮亚杰和他的学生做了很多，并且把所有的实验逻辑串起来，整理成了发展心理学中著名的"认知发展理论"，将人类的认知发展划分为四个阶段，即感觉运动阶段、前运算阶段、具体运算阶段、形式运算阶段。

那么问题来了，孩子的这些关系概念是怎么形成的？如果用行为主义那一套，根本解释不通啊？

通过无数认知神经科学、脑科学和心理学的研究，学者们发现，人类大脑里天生就有学习的机制，即主动建构因果关系。也就是说，自打降生在这个世界上，你就会自发地在自己大脑里绘制一张"因果关系网络图"。而这张"图纸"，就是你对这个世界所有关系认知的总和，是你理解这个世界运行规律的根本蓝图。比如，你看见石头扔到水里会往下沉，就能初步建立起"石头"与"水"的关系。接下来，无论遇到的石头多大、什么类型，只要能判断这个东西是石头，扔到水里，你是大概率会认为是沉下去的。

而对于孩子来说，他在成年之前的主要任务，就是绘制好这张重要的"因果关系"图纸，目的就是在成年之后更好地利用这张图纸，更好地适应环境，改造这个世界。

而画好这张图纸的根本动力，就是好奇心。也就是说，孩子只要生下来，就会自带好奇心，它就像汽车的燃料一样，推动着孩子无休止地探索周围的世界。

心理学家曾花了许多年时间统计上百个学龄前孩子的日常对

话，结果发现，这些孩子每天说得最多的词就是"为什么"，以及跟"为什么"有关系的词语，例如"怎样""怎么回事"。而且，他们还会自己给自己找解释。比如一个洋娃娃被玩坏了，孩子们会解释："因为洋娃娃生气了，所以她不想跟我玩了。"这样的解释根本没有经过家长的"强化"，也没有人引导，完全是孩子的自发行为。

换句话说，孩子天生就有问"为什么"的冲动，而且目的很单纯，就是想知道答案，而答案正不正确一点都不重要，他就是需要一个解释。因为有了解释，他们就可以完善那张"因果关系图"了。他们问得越多，找到的原因越多，因果关系图的范围就越大，精度也越高。

问"为什么"，是人们跟这个世界互动的根本方式，也是人类种群高于其他动物的根本原因。那么，孩子是通过什么方法绘制因果关系图的呢？

一共用了三种方法：

第一种是模仿，也是最常用的，即看别人怎么做，然后亲自试一下，感受一下。如果行为结果或者情绪体验很不好，那以后

05 "三山实验"与"守恒实验":
从因果关系的演变看思维发展

就不做了。比如看见父母吃辣椒,自己也想尝尝,结果被辣哭了,就再也不想吃了。科学家已经证明,哪怕出生不到 1 小时的新生儿也能模仿成人的表情。孩子从一出生就知道眼睛、嘴巴在哪里,知道怎么控制它们,也能意识到自己的脸和别人的脸是一样的构造。

第二种是概率,这种方法其实跟人工智能和机器学习很像,都是通过大量且重复的感觉信息在大脑中拟合出模型。比如,孩子学习母语的过程就是借助这种策略,他们听了大量的母语音节、语音、词汇之后,慢慢地,就能从海量的信息中拟合出模型,也就会说话了。

第三种是实验,这是一种很高级的方法,也是孩子经常使用的。遇到任何一种现象,孩子都会先观察,然后在脑子里形成一个对此现象的假设,再给这个假设一个合理的解释,然后根据这个解释做实验,如果几次实验下来,自己的解释是对的,那么就建立因果关系,否则就推翻因果关系。一旦实验完成,孩子就会在自己的图纸上画出这个因果联系,此后便不再做重复的实验。

比如,妈妈下班回家后脸色很难看,孩子看到后就会假设"妈妈好像生气了",然后试着解释"妈妈可能不喜欢我"。接着去做实验，比如去逗逗妈妈，看看妈妈的反应是否和善。反复实验下来，妈妈对自己的态度很冷淡，或者直接发火了。到这里，孩子就会在脑子里形成一个概念，"妈妈不喜欢我"。

皮亚杰喜欢把孩子称为"小小科学家"，因为他们生来就会积极主动地探索世界。你会发现孩子们总是忙着了解新事物。皮亚杰认为，好奇是所有孩子的第一特性，每个孩子都善于主动学习。

然而，许多家庭里的孩子，尤其是老人抚养的孩子，常常处于被"包办"、被保护的状态，家长习惯给予过多帮助，直接给孩子答案，甚至喜欢用行为主义那一套居高临下地给孩子定规则，让孩子执行，执行好了就奖励，执行不好就惩罚。这根本就不是教育，而是在挑战人性，即通过管孩子来获得成就感。

皮亚杰曾说："每当你告诉孩子一次答案，就剥夺了一次他们学习的机会。"他有一个非常著名的实验，要求家长们每天做到5分钟不对孩子进行任何干涉，无论孩子在干什么。对于多数家长来说，能做到这一点真的很难，但一旦做到，孩子们展现出来的能力往往会令大人们吃惊，亲子关系也会大大改善。

05 "三山实验"与"守恒实验"：
从因果关系的演变看思维发展

终身学习：呵护好你的好奇心

实际上，学习是我们与生俱来的本能，好奇心则是我们构建"因果关系地图"的根本动力。终身保持学习的状态，其实是在维护和保持对一切好奇的冲动和感觉。

那么，为什么很多人随着年龄的增长会逐渐丧失学习能力，甚至厌学，拒绝成长，将人生活得如死水一般呢？

皮亚杰曾经指出，孩子的一切学习必须通过活动完成，知识既不是孩子自己生产的，也不是被外界灌输的，知识起源于孩子在世界上展开的活动，是他们用眼睛亲自看、用耳朵亲自听、用手亲自做的。完全依靠自己的感觉，并且跟真实的人互动交流，孩子才能构建起因果地图，建立自己的认知体系。而在自由活动的过程中，孩子的好奇心会不断加强，更愿意探索新的世界。

值得强调的是，从生下来那天起，孩子最喜欢的活动就是跟爸爸妈妈玩和互动。一方面，是为了跟父母形成牢固的感情依恋，保证自己的生存；另一方面，也是在做"关系实验"，因为与父母的关系将会成为孩子今后所有人际关系的模板，也是孩子形成人格的基础。

不要挑战人性 ❷

一般而言，孩子出生后第一年内，如果父母能够及时、恰当地满足孩子的基本需求，给予无条件的爱，并且能投入地与孩子相处，孩子就会认为，这个世界对自己是友好的，产生一种"一切都很好"的整体感觉倾向，在接下来"因果关系地图"的形成过程中，也会往积极的方向构建。孩子会更愿意去外界探索，因为外界是安全的，值得信赖的。

如果孩子最初的生存环境比较差，父母不负责任，无法满足基本需求，甚至经常侮辱打骂，强迫孩子去做他不愿意做的事情，孩子就会认为这个世界对自己不友好，产生一种"一切都很糟"的整体感觉倾向，"因果关系地图"就会往消极方向构建。这样的孩子倾向于认为外面很危险，总有人要害自己，不愿意出去探索，对爱和信任也会更加渴求。

也就是说，孩子最初的生活境遇，以及成长过程中所出现的重要客体，比如父母、亲人、老师等，都会对孩子的好奇心起到重大影响，进而影响孩子学习的根本动力。

一位 20 多岁的男性朋友给我留下了极为深刻的印象。他身高将近 175 厘米，但总是驼着背，低着头，脸上泛着蜡黄色，像得了大病一般。他的目光飘忽不定，尤其不敢跟我对视，说话时一定要把头侧过去。他总是忍不住思考一些这样的问题："今天究竟是吃面条，还是吃米饭？""今天是穿这件衣服，还是穿那件衣服？""今天出门是坐地铁，还是坐公交？"等等。这些对于我们普通人来说是日常小事，但对他却是头等大事，会消耗他的大量精力。

他告诉我，这种忍不住的"思考"是从初中开始的，这个症状让他没有办法学习，成绩也一落千丈。大学随便读了一所，能顺利毕业他都觉得不可思议，现在他处于失业状态，因为他不敢出去工作，也无法想象在工作岗位上每天要思考多少事情。他其实很想改变，很想努力，但做不到，每天都被鸡毛蒜皮的事弄得筋疲力尽。

实际上，这位朋友的症状已经符合强迫症的症状，而在强迫症背后，则是他悲惨的成长血泪史。他出生在一个崇尚暴力的家庭，爸爸长期在外做生意，很少回家，对他不管不问。只要一回家，就会因为一点点生活上或者工作上的小事大发雷霆，然后迁怒于他，不问青红皂白地打骂他。而他的妈妈因为跟丈夫关系很差，也会将对自己对丈夫的不满发泄在他身上。有一次，他洗脸时将水弄到了地上，妈妈踩到了水，就用手扯他的头发，把他重重推到墙上，指着鼻子臭骂了他一顿。他每天都在担惊受怕，活得小心翼翼，生怕哪里做错被暴打。

父母的言行让他无法正常学习、社交，只能龟缩在内心的牢笼里瑟瑟发抖。可以说，每天因为小事持续不断地思考，是他给自己安排的"工作"，因为只有这样，他才能"名正言顺"地不跟其他人打交道，不用参加任何活动，也不用探索外面的世界。换句话说，他对这个世界的好奇心已经"死掉"了。在这种状态下，他不可能学到新知识，不可能接受新鲜事物。

所有的学习问题，表面上看起来是对知识的掌握和学习方法出了问题，但本质上，或许都是成长过程中的亲子关系出现了问题，导致学习动力不足，认知体系崩坏。

06

"概念形成实验":
从"认知结构"看清学习运作的机制

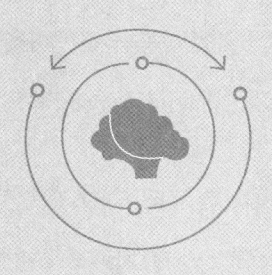

不知道你在上学的时候有没有见过这样的现象：大家每天花同样的时间，学同样的内容，由同样的老师教，采用同样的授课形式，但学习效果却相差甚远。

实际上，我们所看见的差距，根本上来源于人与人之间学习效率的差距。要知道，学习效率是单位时间内能学习并掌握新知识的数量和质量。如果学习掌握同样体量的知识，那么用时越短的人，学习效率就越高，这也说明这个人的学习能力更强。

如果加入时间这个维度，并且把时间的跨度拉长，比如5年、10年、15年，我们再想一想——学习效率高的人与效率低的人之间的差距，将会出现几何级别的差距，最后导致量变引起质变，造成认知上的巨大鸿沟。

也就是说，人与人之间的差距并不体现在努力程度上，而是

06 "概念形成实验"：
从"认知结构"看清学习运作的机制

体现在单位时间内学会并掌握的知识的数量和质量上。

那么问题来了，什么才是有效率的学习？我们又该如何提升学习效率，提高我们的竞争力呢？

认知地图的发现

前面的章节里，我们提到过大脑里的"因果关系地图"，这到底是个什么东西呢？历史上还真有不少人详细研究过，最早研究这个地图的是美国著名心理学家爱德华·蔡斯·托尔曼，他将其称作"认知地图"。

托尔曼1886年出生在美国马萨诸塞州牛顿市的一个上流社会家庭，他的父亲是一家制造公司的总裁，也是一个勤奋工作、不断努力的清教徒。托尔曼的母亲也是一名虔诚的教徒，不仅温和体贴，深爱她的孩子，而且还努力向孩子们灌输她的价值观——简单地生活，高尚地思考。托尔曼从小就成绩优异，后来和哥哥理查德·托尔曼一起进入麻省理工学院学习。托尔曼的父亲正是麻省理工学院第一届毕业生，而且是大学理事会成员。

进入麻省理工之后，托尔曼主修电化学专业，并于1911年获得科学学士学位。大四那年,他读到心理学大师威廉·詹姆斯所写的《心理学原理》一书,被詹姆斯的心理学魅力折服,他决定放弃物理、化学和数学,转而去研究心理学与哲学,可以说,这本书改变了托尔曼的人生走向。而他哥哥则继续深造物理学和化学,最后成为著名的理论物理学家,并与罗伯特·奥本海默一起参与了"曼哈顿"原子弹计划。而托尔曼进入哈佛大学,去学习他向往的心理学。

研究生期间,托尔曼的学术思想开始跟导师产生分歧,直至读到行为主义心理学创始人约翰·华生(做"小阿尔伯特"实验的那位狂人)的论文,托尔曼豁然开朗,他认为华生研究心理学的方法是正确的道路。而后来,托尔曼通过一次偶然的机会认识了格式塔心理学流派的代表人物库尔特·考夫卡,这对他的心理学思想产生了重大影响。格式塔心理学强调研究经验和行为的整体性,反对当时流行的构造主义元素学说和行为主义"刺激－反应",认为人局部的行为反应不等于心理整体之和,人的意识内容既不等于把所有感觉元素加起来,也不等于行为反应模式的简单叠加。

在之后的学术道路上,托尔曼一直都在跟小白鼠打交道。在一次让小白鼠走迷宫的实验中,托尔曼发现,如果给予不同价值

06 "概念形成实验"：
从"认知结构"看清学习运作的机制

的奖励，小白鼠的行为表现是不一样的。比如，让处在同一饥饿水平的各组小白鼠走迷宫，那些被奖励面包和牛奶的小白鼠奔跑速度最快，其次是那些被奖励葵花籽的小白鼠，而跑得最慢的则是那些到达迷宫尽头时，眼睁睁看着自己的奖励被实验人员拿走的小白鼠。

托尔曼还证明，小白鼠在走迷宫实验前，还学会了期待一种特定奖赏，比如好吃的面包和牛奶。而当它们走到迷宫终点，发现这一次的奖励变成了糟糠，它们会感到失望，下一次走迷宫时会明显表现得不积极，学习效率也会显著下降，不仅奔跑速度变慢，还会出错；而那些上一次奖励是糟糠的小白鼠，发现这一次走完迷宫居然有碎巧克力吃，积极性就一下上来了，不但学习效率显著上升，还不容易出错。

这就和华生倡导的"标准行为主义研究"产生了严重冲突。托尔曼认为，如果按照华生的观点，无论是什么样的奖励，小白鼠都应该以相同的速度到达迷宫终点，因为它们在同样的迷宫跑，并且处于同样的饥饿水平，又都得到了奖励，那么无论奖励的东西是什么，小白鼠的行为都应该是一样的。而实验结果却跟预期的不一样，这说明环境在影响行为的同时，一定被小白鼠大脑里的什么东西评估过了，因而不同奖励会对小白鼠产生不同的价值

105

需要，这进一步带来了不同程度的积极性。只有得到那些更有"价值"的奖励，行为才会被环境影响得更明显。也就是说，小白鼠的学习行为和学习效果是被它们心理活动的内在因素决定的。那么，这个心理内在因素究竟是什么呢？

接下来，托尔曼做了一系列的实验研究。首先，他设计了一个迷宫，把一群小白鼠分为甲、乙、丙三组，试图让它们学会走迷宫，也就是从入口进，然后以最快速度到达出口。甲组的小白鼠被放入迷宫后，开始本能地"闲逛"，即使"瞎猫碰到死耗子"正好找到了出口，也没有奖励，找不到出口也没有惩罚，就让它们自由选择怎么走；乙组的小白鼠则不同，它们被放入迷宫后，只要能找到出口，就能马上获得食物奖励；丙组的小白鼠在前10天跟甲组的待遇是一样的，都是纯瞎逛，但到了第11天，待遇就跟乙组一样了。

实验结果很有意思，毫无疑问，甲组学习效果最差，学习效率也最低，而且出错率很高；乙组要明显好于甲组；但让托尔曼感到惊讶的是，学习效果最好的居然是丙组，出错率比乙组还低。也就是说，丙组的小白鼠在没有得到食物奖励的时候看似没有学习，其实已经在学习了，只不过学习效果没有显现出来。而如果要让学习效果显现出来，就得让小白鼠得到好处或者避免坏处，

06 "概念形成实验"：
从"认知结构"看清学习运作的机制

也就是"趋利避害"，只有这样，小白鼠才会把学习效果展现出来。而且利益给得越大，学习效率就越高。

这个实验结论又跟华生的行为主义理念冲突了。按照华生的观点，环境是直接能作用和改变行为的，如果动物和人在环境中没有得到奖励或者惩罚，那么行为就不会改变。但按照这个说法，上面的实验中，甲组和丙组应该是一样的学习效果才对，为什么会截然不同呢？

托尔曼猜测，一定是小白鼠在迷宫中闲逛时已经形成了某种对于迷宫构造的"知识"，并以某种形式储存在了大脑当中。只要未来的某个时刻有"好处"出现，这种"知识"就会立马兑现，转化成实际行为，从而达成学习效果。也就是说，动物们的行为是有明确目的性的，只要预期被强化时（比如期待得到食物，结果真的获得了食物），跟预期相符的行为出现的频率就会增高。托尔曼把这种现象称为"潜伏学习"。

随后，托尔曼又做了一个实验，还是让饥饿的小白鼠走迷宫，迷宫的起点是 A，终点是 B，B 点处放着食物。跟之前一样，饥饿的小白鼠很快就学会了从 A 点冲向 B 点。实际上，从 A 点到 B 点之间不是直线，小白鼠需要向右转。托尔曼想验证一下，到达 B 点的时候，小白鼠是学会了"向右转"这个行为，还是学会了"B 点有食物"这个空间位置。

于是，托尔曼把小白鼠放到了 C 点（跟 A 点的位置是相对的），B 点不变，还是有食物的终点。如果小白鼠学会的是"向右转"这个行为，那么从 C 点出发向右转会直接来到 D 点，而 D 点是没有食物的；但如果学会的是空间位置，那小白鼠从 C 点出发后就会向左转，继续来到 B 点。

实验结果证明了托尔曼的猜想——小白鼠并没有向右转，而是在"十字路口"犹豫了起来，好像在想什么，然后直接向左转，成功来到 B 点。也就是说，小白鼠在走迷宫时，大脑里一定事先形成了关于迷宫的地图，即迷宫的相关知识。

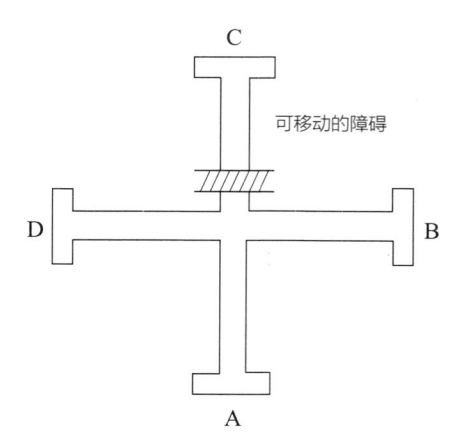

06 "概念形成实验":
从"认知结构"看清学习运作的机制

再后来,托尔曼又升级了迷宫实验,这次的迷宫没有边墙,小白鼠从任意一点出发都能看到迷宫的全貌,并且知道食物在哪里。只不过这次的迷宫起点到终点一共有三条路,第一条最短,第二条次之,第三条最长。

当小白鼠在迷宫里跑了一段时间后,托尔曼发现,绝大多数小白鼠只走第一条最短的路线,其他两条基本不走。于是,托尔曼把第一条路给堵上了,结果小白鼠马上选择了第二条路,但不会去走第三条路。

接着,托尔曼干脆把第一条路和第二条路全部堵上,小白鼠马上就走第三条路了。也就是说,小白鼠的脑子里是有迷宫全貌的,但为了省时省力,它们总是选择走最短的那条路。当省力的路被堵了之后,马上就选择走其他的路线。

到这里,托尔曼正式提出了"认知地图"的概念。就像你从学校回家,不是单纯依靠被强化出来的机械动作,而是利用了过去对环境结构的观察和学习,在头脑中规划出行动路线,然后根据大脑中的地图,从起点到达终点;从某种意义上说,小白鼠也在做着同样的学习,即使这条路线从来没有走过,也不影响它们的行为,因为这完全是基于认知的地图。

之后，随着脑科学的发展，特别是计算机和脑电技术的广泛应用，小白鼠大脑内"认知地图"的秘密逐渐被揭示出来。美国神经科学家约翰·奥基夫在小白鼠大脑的海马体中发现了位置细胞；挪威神经科学与心理学家爱德华·莫瑟尔和他的夫人布莱特·莫瑟尔在大脑海马体中发现了网格细胞。这些证据都有力证明了我们大脑内"认知地图"的存在，以及建立"认知地图"对于学习效果的决定性作用。

那么，"认知地图"对于学习究竟有怎样的意义呢？实际上，我们学习任何知识，本质上都是在学习它们的核心概念，而要理解核心概念，其实就是在我们的大脑里建立起跟这个概念相关的"认知地图"。

认知图式：认识世界的根本参照

后来，发展心理学大师让·皮亚杰通过仔细观察和记录婴幼儿的成长经历，发现孩子们的学习过程中有一个非常重要的东西在起作用：认知结构，也叫作认知图式。

"图式"一词是皮亚杰于 1923 年提出的，并在后面的理论中逐渐丰富了内涵。我们在"三山实验"一章中专门讲过，孩子的学习似乎是基于他们天生就对这个世界充满好奇心,并且随着年龄发展,会主动构建自己与这个世界的关系。而认知图式,就是孩子对亲身经历过的人、地点、物体和事件的知识框架。有了这个框架,就可以帮助他们对所经历的事情进行解释,并且以这个框架为起点,去学习并理解新知识。

"图式"这个概念,后来在 1932 年被心理学家弗雷德里克·巴特利特借用。巴特利特的实验我们在"幽灵之战"一章中详细介绍过,他认为我们大脑里有一个跟记忆相关的信息加工结构,帮助人们处理和记住信息。当一个人面对符合他们现有认知结构的信息时,会根据这个认知框架来解释它,而不符合现有认知结构的信息将被遗忘。

而皮亚杰认为,孩子获得更多的"图式"之后,心智便能充分发展需要,现有图式的细微差别和复杂性也会提升。例如,当一个一岁的孩子第一次见到"狗"这种动物时,他就会为狗"制定"一个图式——"用四条腿走路,毛茸茸的,还有尾巴"。等孩子再大一点,跟爸爸妈妈去动物园时看到了狮子、老虎和狼,他可能会"傻傻分不清楚"——"这几种动物跟我之前见到的狗是什么关系呢",从孩子的角度来看,狮子、老虎和狼符合原来对狗的认知结构。而孩子将自己新发现、新经历、新学习的信息强行纳入原有认知结构的过程，皮亚杰称之为"同化"，这能加强和丰富原有图式的组成，但不会触及原有图式的结构变化。

当孩子的父母仔细解释了什么是狮子、老虎、狼，并且带孩子仔细观察了这三种动物后。孩子会发现，它们的确跟狗不一样，不仅叫声不一样，而且更凶猛，看起来不像狗对人那么友好，让人有害怕的感觉。通过这次动物园之行，孩子在原有的关于狗的认知图式上，创建了全新的关于狮子、老虎和狼的图式，并且跟狗区分开来。这种在原有认知图式基础上重新长出新的认知结构的过程，皮亚杰也起了专门的名字，叫"顺应"。

后来，孩子长大了，学习了专业的动物学知识，这时候就会建立起动物分类系统，比如由大到小的界、门、纲、目、科、属、种。那时对动物的认知结构，就是一个相对比较完备的专业结构了。

我们的大脑里其实装着无数种图式，刚才举的关于动物的例子只是无数种图式中的一种。而且，人的认知图式不是一成不变的，它有发生和发展的过程。皮亚杰把认知图式发展的过程称为"建构"。 其实，托尔曼的"认知地图"和皮亚杰的"认知图式"说的是同样的东西，都描述了我们学习和经历事情时大脑组织信息的过程。实际上，把"认知地图"和"认知图式"结合起来，就形成我们的"认知城市"。"认知地图"就像在做城市规划，会给你的认知空地"画红线"，规划出每一个区域准备干什么，区域与区域之间应该有怎样的道路进行联结；而"认知图式"更像是每一个规划好的区域中盖起来的建筑，那些发展比较早、建构更复杂的图式是"摩天大楼"，而那些发展较晚、相对比较简单的图式相当于"小平房"，等待之后的"升级改造"。如果一个人能持续且高效地学习，他的认知版图将建成"图式的城市群"，整个"城市"不仅管理得井井有条，运行也会非常高效。

认知结构在学习中如何起作用

那么，认知到底在学习过程中起着怎样的作用呢？这里要提到一位教育心理学领域的"大神"，他的心理学思想很好地诠释了这个问题，他就是杰罗姆·布鲁纳。

布鲁纳于1915年10月1日出生在纽约一个波兰犹太移民家庭。出生后不久，他就被诊断出患有先天性白内障，是个盲孩。当时眼部外科手术技术还不是很成熟，也没有仪器帮助，医生要给病人做手术，完全依靠经验。正当家人为布鲁纳发愁的时候，幸运降临到他的身上。两岁那年，布鲁纳遇上了一位技术高超的眼科医生，通过手术，成功让他重见光明。

1937年，布鲁纳从杜克大学毕业，开始读心理学研究生，之后转学进入哈佛大学，并于1941年获得心理学博士学位。攻读博士学位期间，第二次世界大战爆发了。本来布鲁纳博士论文的题目是关于动物知觉的，后来他修改了论文方向，开始研究分析纳粹的宣传技术。可以说，布鲁纳是早期用科学方法将心理学应用于战争的人。

布鲁纳博士毕业那年，正逢"珍珠港事件"爆发，美国加入第二次世界大战，布鲁纳也应征入伍。由于他的博士论文正好是研究纳粹"洗脑术"的，于是被安排在盟军最高司令部艾森豪威尔统帅部任职，任务就是用心理学专业技能分析纳粹的宣传活动，进行心理战术研究。后来他还担任过普林斯顿公共舆论研究所副所长，并在法国军队从事智力开发工作。从某种意义上说，将布鲁纳称为"现代军事心理学与心理战的先驱人物"也不为过。

"二战"结束后，布鲁纳回到哈佛继续从事科研。研究过程中，他发现了一个非常有意思的现象——富人家的孩子跟穷人家的孩子，在对硬币大小的估计上存在明显不同，穷人家的孩子总是高估硬币的大小。这个研究结论，跟当时盛行的行为主义心理学研究相冲突，按照行为主义的理解，富人和穷人对硬币估计的结果应该是被"强化"出来的，而且依赖硬币的物理特征和环境特征，

06 "概念形成实验"：
从"认知结构"看清学习运作的机制

比如硬币的质地、光线、观察距离等。而且，富人用硬币的机会本来就比穷人少，因为硬币的面额很小，基本是零钱，穷人被强化的机会应该更多，估计得应该更准才对，而事实却是相反的。

另外，小孩子接触钱的机会本来就不多，到底是什么影响了孩子对硬币大小的估计呢？布鲁纳认为，行为主义忽略了一个非常重要的影响因素，那就是人们的认知，而且这种认知还受当事人所处社会和文化环境的影响。也就是说，人们的行为结果不仅仅依赖于环境，还要看这个人当时的思维、推理、评价过程和对结果的预期。之后，布鲁纳于1960年在哈佛大学建立了认知研究中心，此后，这里迅速成为心理学、教育学、语言学等研究领域的领先阵地，认知心理学流派也由此崛起。

实际上，布鲁纳的思想和观点与托尔曼、皮亚杰是一脉相承的，都强调"认知"在人们学习和行为习得过程中的决定性作用。而布鲁纳更进一步，他认为，我们的思维过程其实是由两部分功能构成，即"概念化"和"类别化"。布鲁纳为此专门做了相应的实验，他找了一个明亮的实验室，邀请了一批大学生志愿者参加。

实验很简单，就是"猜卡片"。布鲁纳设计了一套卡片，包括"图形形状""图形颜色""图形数量"和"边框数量"四个维度,其中"图形形状"分为十字形、圆形和正方形;"图形颜色"分为红色、黑色和绿色;"图形数量"分为1个、2个和3个;"边框数量"分为1条边框、2条边框和3条边框。卡片的总数目是 $3 \times 3 \times 3 \times 3 = 81$ 张。

接着,布鲁纳把这81张卡片排在桌子上,然后在小纸片上写一个自己预想的特定图形组合,比如"黑色圆形"。当然,小纸片是不能让被试者看到的。接下来,他让被试者尝试用各种方式去猜,被试者需要拿起桌子上的其中一张卡片,并询问布鲁纳这张卡片符不符合小纸片上写的答案,而布鲁纳只需要回答"符合"还是"不符合"即可,其他一切提示都不能说,直到猜对为止。

"黑色圆形"这种图形组合是一种人工概念,它同时具备概念的内涵和外延,无视了边框数目,1条、2条、3条都可以;也无视了图形数量,1个、2个、3个都可以。被试者要做的,就是想办法猜得又快又准。比如,某位被试者首先选了一个红色的方形,但布鲁纳摇了摇头。然后他尝试了两个黑色的十字,布鲁纳仍然摇头。最后,他选择了一张黑色的圆形卡片,布鲁纳满意地点了点头。这时,被试者询问是"黑色圆形"吗?这样就答对了。

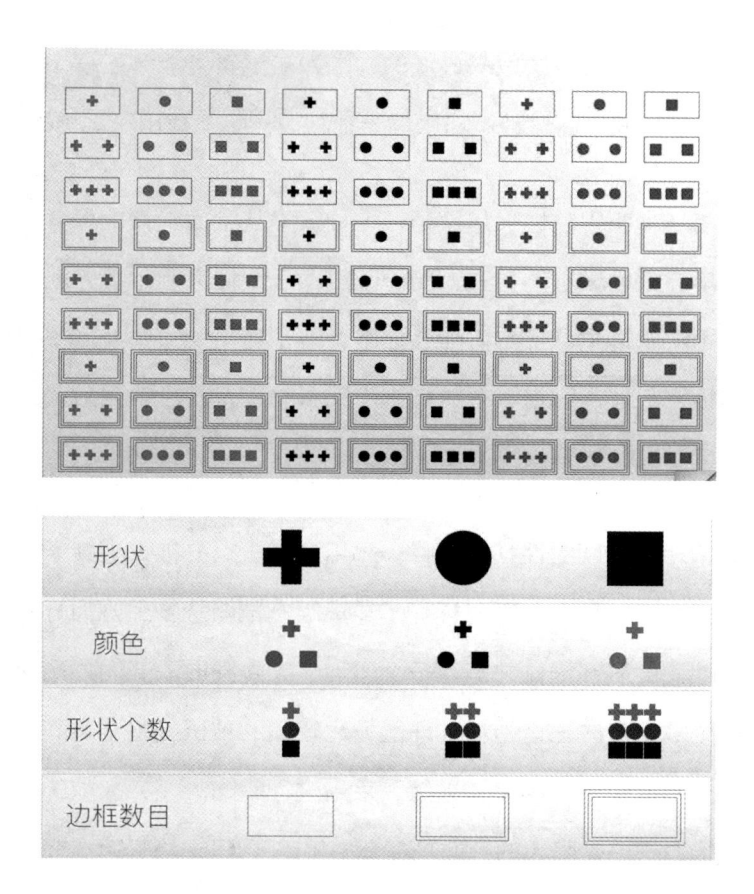

06 "概念形成实验"：
从"认知结构"看清学习运作的机制

而在实验过程中，布鲁纳发现，所有的被试者基本上都会运用四种策略来形成概念：

第一种叫保守性聚焦策略，顾名思义，就是被试者在猜测过程中比较保守，采用的是"试错"的办法，一个属性一个属性地尝试，直到试出正确答案为止。采用这种策略的被试者是最多的，

不要挑战人性 ❷

但这也是所有策略中效率最低的，因为被试者可能会连续出错，耗费大量时间。而这种策略虽然笨拙，但一定能找出正确答案。

第二种叫冒险性聚焦策略。这种策略从字面上就能理解，被试者不会采取试错的方式，而是改变多个属性大胆地猜，就像在迷宫中跳跃前进，虽然可能会迷路，但也有可能很快找到出口。而这种方法非常激进，有时被试者猜着猜着，就忘记之前已猜过了，可以说是毫无章法。

第三种叫同时性扫描策略。采用这种策略的被试者就像在迷宫中拥有了分身术，同时打开了多扇门，试图从多个方向寻找出口。他们会试图记住并检验多个假设，比如同时改变图形形状和图形个数，有些记忆力和推理能力比较强的被试者甚至会同时改变 4 个维度来进行测试。当然，采用这种策略的人，大脑的逻辑运算能力是非常强大的，而且在所有策略中用时也最短。

第四种叫继时性扫描策略。采用这种策略的被试者，一般都具有相当不错的科学素养，他们运用"假设—检验"的方式，把自己的假设列成清单，然后按顺序去检验，每次只改变一个属性，就像在迷宫中一步一步地前进，他们用最稳妥的方式寻找出口。比如，当被试者挑出"一条边框的黑色圆形"时，布鲁纳点头表示符合。这时，被试者就在脑子里形成了一个假设，即"图形的边框数目不包含在内"。于是，被试者接下来会验证这个假设，再找一张"两条边框的黑色圆形"，布鲁纳继续点头表示符合。好了，到这里，"图形的边框数目不包含在内"的假设被验证了，答案就是"黑色圆形"。

实际上，保守性聚焦策略是比较符合人性的策略，也是我们与生俱来的策略。绝大部分人在面对未知的情况时，都会下意识采用这种"小心翼翼"的策略，目的就是避免犯错，只要不出错，那就万事大吉，效率另说。

冒险性聚焦策略看似是"反人性"的策略，其实也是我们与生俱来的，因为人性中天生就有冒险的特质，这种策略完全基于效率，先干了再说，成不成功不知道，万一成功了那就赚了。其实，保守性聚焦策略和冒险性聚焦策略都是基于人们的"情绪脑"，情绪脑的思考方式比较极端，要么"逃避龟缩"，要么"奋勇向前"，前者完全在追求"不犯错"，后者则完全追求"效率高"，其实都不是什么成熟的策略。

同时性扫描策略属于"天才与学霸"的策略，其使用前提是，大脑要比常人强大得多才行，这种方法并不适用于普通人。而只

不要挑战人性 ❷

有继时性扫描策略，也就是运用"假设—检验"的逻辑，通过"大胆假设、小心求证"的方式，这是真正的科学思考模式，既能做到"不犯错"，又能兼顾"效率高"。

布鲁纳通过实验，向我们展示了人类大脑是如何对外界事物形成概念的，只有形成了概念，才能让外界环境真正跟我们的内心联系起来，让外在世界真正跟我们的内在世界交流起来。然而，"概念化"只是第一步，还有很重要的另一步，就是"类别化"。用布鲁纳的话说："归类，就是要分类分别对待各种事物，对周围的各种物体、事件和人进行分类，并根据某一类别的成员关系，而不是它们的独特性，对它们做出反应。"比如前文提到的孩子如何认知"狗与狮子"的故事。

因此，类别是人类认知的工具。学习和利用类别，是一种最基本、最普遍的认知形式。在布鲁纳看来，我们无时无刻不在对看见、听见、感觉到的事物进行归类。比如，光是可分辨的颜色，有不下 700 万种，世界上也没有看上去完全一样的两个人，就连同一物体，也会随时间、地点的变化而有所不同。正是因为人类思维有了归类的能力，才不至于被"毛毛多"的概念压垮，我们人类才真正拥有了理解复杂性问题的能力。

06 "概念形成实验"：
从"认知结构"看清学习运作的机制

因此，在布鲁纳看来，人们实际上"并不是在发现（discover）对世界上各种事件进行分类的方式，而是在创建（invent）分类的方式"。也就是说，我们所获得的所有知识，都是在原有知识结构的基础上重新建构出来的。

另外，"概念化"和"类别化"基本上是在大脑里一个叫作"编码系统"的功能装置中同时运行的。当然，大脑里并非真的存在这样一个脑区，这是我们对大脑认知功能的一个类比。

一方面，这套"编码系统"具有"解码翻译"功能。想象一下，你在手机上通过微信编辑了一条信息，然后按下"发送"按钮，发给你的朋友，你的手机就会把这些文字转换成一种计算机程序能够理解的语言，即二进制代码，通过互联网发送出去，这当中就有"解码翻译"功能。

另一方面，这套"编码系统"还具有"信息整理"的功能。你可以把"编码系统"理解成一个专门用于整理和分类信息的"文件柜"。在这个文件柜里，我们将相关的信息进行有层次的分类，把一些比较宽泛的大类作为顶层文件夹，然后在里面放入更具体的小类，这样的系统能让我们在处理信息时更高效地找到需要的东西。

也就是说，通过这套编码系统，我们可以有条理地解码、组织、分类、存储和回忆我们的知识和信息。它就像一个"后勤支援系统"，保障我们思维过程的顺利进行。然而，随着布鲁纳研究的深入，他发现我们启动这套编码系统是有前提条件的——有意愿和有明确动机时，编码系统才能良好运行。我们在思考过程中，需要明确预期到接下来的思考和行为能给自己带来什么"好处"，这样，大脑的这套认知功能系统才会积极开工，否则就会消极怠工。

为了验证自己的发现，布鲁纳又进行了一系列的实验。在一个实验中，他训练了两组小白鼠走迷宫，跟托尔曼的实验范式差不多。并且，布鲁纳还规定了小白鼠走迷宫的正确走法，就是"左—右—左—右"。小白鼠学会了正确走法并进行了80次反复练习后，布鲁纳对其中一组小白鼠实施了36小时禁食，另一组则禁食12小时，还有一组作为对照，不禁食。

实验可把前两组小白鼠饿坏了。当然，第一组会更饿一些。然后，布鲁纳把这两组小白鼠带到了一个全新的迷宫中，并且规定这个迷宫的正确走法是"右—左—右—左"。结果发现，禁食12小时的小白鼠在新迷宫中的学习速度明显快过第一个迷宫；而禁食36小时的小白鼠在新迷宫中的学习速度却比第一个迷宫要

06 "概念形成实验":
从"认知结构"看清学习运作的机制

慢。要知道，饿了 36 小时的小白鼠比饿了 12 小时的动机更强，更希望赶紧结束学习，吃上东西。可动力越强，越想达到目的，反而越会影响学习效果。

此外，布鲁纳还发现，人们如何使用编码系统对信息进行组织，会显著影响学习效率。例如，现在需要你记住这一串数字：248163264128256，你准备怎么记呢？这可是 15 位数字，要想很快记住是很难的。但如果仔细观察这组数字你会发现，它的排列是有规律的，都是 2 的 N 次方，即 2—4—8—16—32—64—128—256。而当你发现这个规律后，相信你根本就不用费劲地去记，已经能脱口而出了。这就是运用编码系统对信息重组之后，跟我们原有的知识联系起来，就能很容易地学会新东西，效率会非常高。

实际上，学习就是先把同类型的事物联系起来，并给它们赋予理解和意义，也就是"概念化 + 类别化"的过程，其结果是，我们的大脑里形成了相应的知识结构。而我们每个人"概念化"和"类别化"的独有方式会构成我们每个人特有的编码系统，而这套编码系统将决定我们会以什么样的方式，来建构我们的知识结构。

07

黑猩猩传球实验：
如何保持专注力

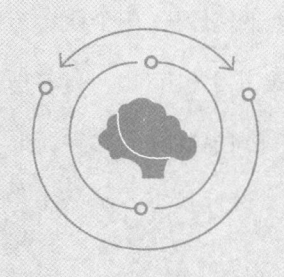

你是否有过这样的经历：

你是一名学生党，马上要参加考试了，想好好复习。但复习资料却怎么也看不进去，你心急如焚，时间一分一秒地过去，你却始终进入不了复习状态。

你是一名员工，领导给你布置了一个设计方案，客户要得很急，需要你马上完成。一会儿手机响起，有客户打电话找你；一会儿微信响了，工作群里有同事找你要材料。而看着电脑空白的设计底板，你根本进入不了设计状态，脑子里像一团糨糊，急得你抓耳挠腮。

实际上，学习工作不专注是非常普遍的。无论在学校里还是在职场上，每天看着很勤奋其实在"摸鱼"的人也不在少数。而这些案例都指向了同一个问题——注意力不集中，无法进入专注

07 黑猩猩传球实验：
如何保持专注力

状态。明明眼前一大堆没做完的事，却总是忍不住胡思乱想，效率低下。

现代脑研究证明，注意力是一种信息过滤机制。就像那句老话说的，"堵不如疏"，注意力根本就不是用来聚焦在某一事物上的，强迫自己专注，其实是一种错误的行为。因为注意力从来都不是为了专注学习而设置的。那么如何才能让自己在学习和工作时保持专注呢？

我们从脑科学和心理学两个角度，带大家深入认识我们的注意力，以及如何才能保持专注。

黑猩猩传球实验：神奇的注意力

说起注意力，不知道你会不会有一种"我知道"的熟悉感，但同时又有一种"说不清楚"的陌生感。其实，我第一次对注意力有直观的认识，是在大学的心理学课堂上老师讲的"黑猩猩传球实验"。这个注意力实验最早是由美国心理学家，也是被公认为"认知心理学之父"的认知心理学先驱乌尔里克·奈瑟尔在20世纪所做的。奈瑟尔也是最早提出"认知心理学的实验不应该只局限在实验室中，而应当在真实世界中进行"的心理学家。

127

不要挑战人性 ❷

奈瑟尔当时的研究很简单，他拍摄了一段影片，内容是两支队伍各自传球，一支队伍身着白衣，另一支身着黑衣。传球过程中，有一名黑衣女子撑伞经过。

接着，奈瑟尔找来受试者观看影片，要求他们数白衣队伍的传球次数，数完之后，很多人表示根本没看到撑伞的黑衣女子。

这项神奇的研究在当时并没有激起科学界的广泛讨论。然而多年之后，这个实验在两位年轻的美国心理学家克里斯托弗·查布里斯和丹尼尔·西蒙斯的重新设计下大放异彩，这就是心理学上著名的实验之一——"看不见的大猩猩"，几乎所有心理学课本中都提到过这个实验。

看不见的大猩猩

改进后的实验是这样的：首先找来一群学生担任球员并且分为两队，一队学生穿白色球衣，另一队穿黑色球衣。丹尼尔担任摄影和导演，克里斯则负责协调大家的动作与记录拍摄场景，他们要求两队球员互相传球。然后把拍摄好的视频剪辑成短片，让学生带到哈佛校园的各个角落随机找志愿者进行实验。

07 黑猩猩传球实验：
如何保持专注力

参与实验的志愿者被要求观看短片，并在心中默数白衣球员传球的次数，但不要理会黑衣球员的传球数。整部短片历时不到一分钟。

感兴趣的读者可以去网上搜索这个短片，亲自数一下。

实验结果跟预估的差不多，志愿者们基本都能正确回答白衣球员传球的次数，而被问到有没有看见一只黑猩猩时，所有志愿者几乎都蒙了，刚才明明只有两个队伍在传球，哪儿来的大猩猩啊？

带着这种不信任，志愿者们又重新观看了影片。然而这次，他们都瞪大了眼睛——一只大猩猩果然迈着步走进屏幕，在传球队员的中间面向镜头，抡起双拳击打了几下自己的胸肌后，又迈着步缓缓离开了镜头。看到这里，参加实验的志愿者们都惊呆了，有的甚至受到惊吓，开始自我怀疑，以为见鬼了。

因为这个实验发生在 1999 年，互联网刚刚兴起的阶段，这个实验的视频在其他哈佛同学的剪辑下变成了完整的短片，然后迅速在网络上发酵传播，克里斯托弗和丹尼尔也因此蹿红，并一举拿下 2004 年的搞笑诺贝尔奖。

如果这个实验没有让你感觉到震惊，请让我再给大家分享一段我给小学生上心理课的经历。大学时候，70多人的阶梯教室中，班里几乎没有一个同学第一遍就能看见大猩猩。奇怪的是，50多名二年级小学生观看实验影片时（标准的实验流程，大家也都是第一次上这个课、做这个实验），仅在放第一遍时，班里就有超过一半的同学欢呼雀跃起来，说自己看到了大猩猩。

为什么孩子和成年人在注意力差距这么大呢？

实际上，孩子似乎是在让世界来决定他们会看到什么，而不是自己要决定从周围的世界中看到什么。而成年人不是这样，成年人能够预先判断哪些信息对自己有用，哪些信息只是干扰项，大脑会强化前者、抑制后者。

也就是说，一旦成年人集中了注意力，就相当于要屏蔽掉其他跟目的不一致的信息，并将其划为无效信息。并且，成年人的大脑会根据自己的目的、喜好、兴趣以及熟悉程度，对信息进行再加工。只不过这个加工过程是我们在无意识的状态下自动完成的，这里就不展开解释了。

但是，孩子大脑的任务是学得越多越好。所以孩子会注意一

07 黑猩猩传球实验：
如何保持专注力

切事物，尤其是新的、有趣的、信息量丰富的事物，而不是只注意跟自己直接相关的信息。

脑科学研究表明，人的大脑其实是在周期性地分散注意力，分心走神是常态。大脑每时每刻都在分心，关注环境中的最新变化，这是人的大脑生来就有的一种机制。只不过成年人目的性比较强，能够根据目的选择信息，而孩子在这方面目的性没有那么强，因为他们的大脑还没有发育好。

而在实验中，大猩猩的出现比无聊的抛接球活动提供了更有趣的信息，孩子当然不会错过。

后来"黑猩猩传球实验"又升级了，这次研究人员用上了一种高级的实验设备，叫作眼动仪，借助特殊的光学设备精确捕捉到人眼睛注视点的位置，而且能追踪眼球运动的轨迹，并记录下视线在特定位置上停留的时长。这个设备算得上"测谎神器"了，如果在你观看帅哥美女视频的时候给你戴上，那么你最喜欢帅哥美女身体的哪个部位将会看得一清二楚，眼睛在这台仪器面前可不会说谎。

研究人员利用眼动仪，让志愿者在仪器的监控下观看"黑猩猩传球实验"的视频,结果神奇的事情发生了。根据志愿者第一遍观看视频时的眼动数据可以清晰观察到,志愿者的的确确"看见"黑猩猩了。因为他们的视线轨迹确实经过了黑猩猩,但停留时间很短,结果志愿者说自己根本没注意到黑猩猩;而第二次观看视频时,志愿者的视线轨迹同样经过了黑猩猩,但是这次停留的时间更长,并且一直跟着黑猩猩运动。

这是什么原因呢?如果要充分理解这个问题,会牵涉深奥的脑科学,这里就不展开讲解了。人类所有心理现象背后的基础,都是神经元与神经元之间的生物电传导和生化反应,这种复杂的反应让神经元彼此之间形成了极为复杂的神经网络,从而产生精神和心理现象。

注意力这种心理现象同样如此。其实早在 1984 年,科学家就大胆猜测,注意力可能跟大脑中的丘脑和前额叶有直接关系,丘脑这块区域不仅是我们所有感觉信息,比如视觉、听觉、触觉等信息的中转站,也是筛选这些信息的过滤器。

随着一系列的研究进一步深入,这一猜测得到验证,科学家们还发现了注意力的两种认知加工方式——"自下而上"和"自上而下"。

07 黑猩猩传球实验：
如何保持专注力

成年人在"黑猩猩实验"中就是典型的"自上而下"认知方式，而孩子本能般地看到黑猩猩的反应则是大脑"自下而上"的认知方式。

要知道，丘脑参与大脑许多的重要活动，不仅包括注意力，还包括记忆、情感、睡眠周期，执行功能，处理感官信息，以及感觉的运动控制。而前额叶是大脑的"中央处理器"，是我们的决策和执行中枢。

从人类诞生之时起，神经系统的功能无外乎这三件事："保命""吃饭"和"生孩子"。而这三件事，全都要求神经系统最大限度地收集外在信息，最高效地处理信息，并且优先满足生存所需。

研究还发现，大脑不仅设计了注意力分散的机制，还自带了另一种干扰注意力集中的能力——叫"白日梦"或者"走神"，学名叫作"心智游移"。

随机性为创造力提供了火花。如果你够幸运，说不定在哪条林荫小道上就能抓住一个让人为之一振的好主意。这也许就是为什么艺术家们总是会做一些匪夷所思且和本职无关的事，以寻求

133

灵感，或许是因为不专注的时候，精神飞扬、思维漫游，灵感乍现的瞬间才会来得比较容易。

所以，大脑其实用了两种办法尝试打破持续性的专注：一种是用周期性注意力衰减的方式打断持续性注意；另一种是用心智游移的方式，把注意力拽到跟自己相关的"胡思乱想"上面去。

这就是人的天性，也是大脑的运作规律，都是为了让人类更好地生存、繁衍、发展。至于现代社会所谓的"学习"，或者说落在书本上的学习和考试，只是近几百年的事情。人类进化至今已经几万年，注意力机制运行得很好，只是到了近现代，跟社会进步方式发生了冲突。

那该怎么办？难道就没有办法集中注意力在工作和学习上吗？别急，想持续集中注意力，还是有办法的。

集中注意力

集中注意力的方法目前来看有两种，第一种叫"逆势硬做"。

说白了，就是违背大脑的运作规律，花费大量的精力和能量，强行给前额叶下指令，并且用各种方式控制自己，要求前额叶按照确定下来的目标对信息进行筛选加工。但是，这种方法不仅费时费力，而且需要你有强大的意志力和自控力。而强大的意志力和自控力有个前提条件，即强大的元认知能力。"元认知"这个概念是由美国发展心理学家约翰·弗拉维尔于1976年提出的，他认为元认知是我们审视自己认知的能力，可以帮助人们从困惑的问题中解脱出来，从旁观者的角度重新审视事件本身，从而更容易地解决问题。

举个例子，假如你在学习的时候走神了，在不具备元认知能力的情况下，你的反应可能是懊悔，但对后续没有任何影响。如果具备元认知能力，你就会反思复盘：刚才自己为什么走神？想的东西对自己究竟意味着什么？注意力为什么不能集中？等等。

元认知的过程，就是让你的思维过程被自己"看见"，就像打游戏时开了"全图"一般，对自己的情况一目了然。

元认知可以被分成三层，我们以"学习"为例：

一是计划（Planning）：在学习开始前，明确学习的计划——我的学习目标是什么？我需要哪些学习资源？我要使用什么样的学习方法和策略？

二是监控（Monitoring）：在学习过程中，时刻监督自己的表现，反思遇到的困难，并评判学习方法的合理性；这之后，根据自我的反馈及时调整目标、心态和计划。

三是评价（Evaluating）：对整个学习过程进行反思——有达到预期目标吗？哪些事情阻碍了我？我哪里做得比较好？我使用的学习方法是否有效？

了解元认知这个概念本身就已经为培养这种能力打下了良好基础，想再进一步，可以试试下面这几个简单具体的方法：

第一，学会复盘。每天花半个小时，对今天遇到的事情、自己说过的话、做过的行为进行一次复盘，看看哪些事情做得好，哪些事情做得不好，下一次应该如何提高，哪些行为是被大脑"绑架"了。

第二，提问自己。比如你可以问自己，我能理解这个内容吗？我读到的东西有没有颠覆我以往的认知？这个任务和之前的任务有何不同？我需要寻求别人的帮助吗？或是使用经典的"自我反馈三问"：我现在在哪里？→ 我最终要到哪里？→ 我下一步该怎么走？

第三，建立日志。你可以买一个手写的小本子，创建电脑文档，或者使用在线笔记，用任何自己喜欢的方式记录每次的学习。需要强调的一点是，仅仅写流水账是不够的，一定要深度思考在整个学习过程中自己运用了什么样的思维方式，有没有需要改掉的习惯，等等。

第四，和自己对话。跳出你的"本体"，假装成一个第三者、旁观者，通过询问的方式，了解自己的学习和思考过程。这个训练可以帮助我们用更加客观的眼光看待自我意识。

但说实话，元认知能力很难一蹴而就，需要科学的方法慢慢培养，日积月累，才能有一定的效果。尤其对于孩子来说，如果强迫他们马上就要获得这种能力，就像你非要让自行车跑得比汽车快一样，是不现实的，只会把自行车弄散架。

"逆势硬做"还有一个硬伤，就是会出现"白熊效应"。

"白熊效应"源于美国哈佛大学社会心理学家丹尼尔·魏格纳的一个实验，参与实验的人被单独隔离在一个房间内，并被要求坐在一张有麦克风和呼叫铃的桌子跟前。在实验开始后的第一个五分钟，实验人员要求大家随便说出自己心里想到的任何东西；

不要挑战人性 ❷

第二个五分钟，实验人员提出要求，让他们不要想白熊，如果有人想了白熊就要按铃。

结果显示，所有受试者中，平均每个人都在第二个五分钟内按了 6 次铃。而且其中一位女性，在努力克制自己的前提下按了整整 15 次铃。

当然，有些人确实能够通过转移注意力等方法不去想白熊，但紧接着第三个五分钟开始后，实验人员又要求大家想白熊。这些在第二个五分钟压抑自己不去想白熊的人，在第三个五分钟时脑子全都被白熊占领了，其中有一个人按了 16 次。

"白熊效应"充分说明：你越不想要的东西，反而越会占据你的思想；你试图赶走的念头，可能会以更强烈的方式回到你的脑海中。

也就是说，当你的注意力开始分散，或者出现心智游移时，如果强行把自己的注意力拉回来，强迫自己不去关注脑海中出现的念头和想法，只会让你的注意力越来越无法集中，胡思乱想的念头越控制越多，最终陷入焦虑，直至放弃。

心流：注意力系统的后面

既然"逆势硬做"行不通，那还有什么办法呢？答案就是，让学习或工作进入"心流状态"。

什么是心流呢？这个概念是著名积极心理学家米哈里·契克森米哈赖教授提出的，他在 20 世纪 70 年代发现：多数人工作一天之后筋疲力尽，但也有一些人精神抖擞。那么，这些人白天没在工作吗？应该会消耗很多能量啊？他们丰富的精神能量从哪里来呢？

于是，他开始研究特别有"能量"的人，例如顶尖运动员、音乐家、学者……一位接受访问的钢琴作曲家描述了他在创作时候的心情：我会进入狂喜的状态，在那个时候，我感觉不到自己，我好像根本就不存在了，我的手好像跟我的意志无关，我坐在那里，带着崇敬和平静的心情，音乐就这样自然而然地从我手中流泻而出。

1975 年，契克森米哈赖教授首次发表了他对这种神秘现象的研究，并给它起了一个很传神的名字——"心流"（flow），用来描述一种特殊的精神状态。处于这种极度专注的精神状态时，你会完全沉浸于其中，效率和创造力会大幅提高，甚至忘记时间、饥饿，忘记所有不相干的身体信号。

一旦从这个状态走出来，你可能会觉得口渴、肚子饿，但精神依旧很好，心情也很愉快；换句话说，虽然肉体消耗了能量，心灵反而补充了能量。不只是在创作、运动领域，在职场和学习中，"心流"状态都有可能发生。

那怎样才能在学习和工作时进入心流状态，持续专注呢？对于这个问题，我可以这样反问：为什么你在打游戏或者谈恋爱的时候特别专注呢？

比如当你打开《英雄联盟》或者《王者荣耀》界面，听着激动人心的游戏背景音乐，你几乎可以一瞬间进入游戏的状态，很快注意力就能高度集中，抗干扰能力还特别强，谁叫你都听不见，甚至会忘记时间，忘记吃饭，还一点都不累。

再如，当你跟喜欢的人约会时，看见对方的一瞬间，你就会被完全吸引，你们一起聊天、一起逛街、一起看电影，你会非常开心和投入。同样地，你也在瞬间进入热恋状态，无论在嘈杂的地铁上，还是在人来人往的闹市区，都仿佛进入无人之境，仿佛世界上只有你们二人。

07 黑猩猩传球实验：
如何保持专注力

但一到学习或者工作，状态马上就不对了。不仅无法长时间维持注意力，而且一会儿想喝水，一会儿想吃东西，总是想往外跑，特别容易受干扰。实际上，进入心流状态是有前提条件的，我们逐一梳理：

第一，你所从事的活动，必须是你自己愿意的、喜欢的，并且主动选择的。

想想看，游戏能给你带来快乐和成就感，能给你提供展示自己的机会，正是你愿意玩、喜欢玩，并且主动选择玩的。跟喜欢的人约会，同样能给你带来快乐和幸福，也是你愿意、喜欢且主动选择的。

但如果是学习呢？你愿意学吗？为什么要学习？你是发自内心想学习吗？我想，你可能没有静下心来好好想过这些问题。很多人只是浑浑噩噩地听从父母的话，随大流。你可能从来都没有真正看见过自己的内心，了解自己的喜好。但也有可能，你所处的原生家庭根本就不给你这样的机会。

第二，你必须有明确的目标，而且这个目标是你自己定的。

心理学研究发现，和被迫去做一件事相比，漫无目的、没事

141

可做的时候才是体验最差的时候。因为人的精神会更涣散，也容易陷入忧虑、恐惧和无聊这些负面的情绪中。学习目标其实是学习动机的具体化。比如我准备看完一本心理学书，这就是一个目标。但在这个学习目标的背后，则是你为什么要看这本书的动机。如果你是真的想学习心理学，那么你会完成这个目标；如果你只是想在朋友面前有点谈资，那这个目标你大概率完不成。

第三，你要能顺利进入目标场景。

比如打游戏的时候会有游戏开场动画和音乐，这种氛围能一下把你带入；当你喜欢一个人，想跟对方确立男女朋友关系，也要通过吃饭、逛街、看电影、打电动游戏等一系列场景渐入佳境。但如果你一上来就跟喜欢的人告白，大概率会被拒绝。

第四，你所从事的活动，需要给你反馈。

在这方面，游戏的体验是最好的，无论你进行怎样的操作，游戏系统一定会在第一时间给你反馈。而学习的反馈周期很长，并且不明显，调整起来也很麻烦，这也是很多人坚持不下去的原因。

实际上，在上述四个进入心流的前提条件中，你的动机和目标是最重要的，尤其是这项活动到底是不是你喜欢的、你愿意做的，这直接决定了目标是不是你自己定的。如果这两个条件不满足，进入心流就不可能。而要满足这两个条件，就需要当事人充分了解自己，掌控自己，能自己说了算。因此，我们发现，专注的关键最终落到了你对自己的掌控感上。

掌控自己的人生

该如何找回掌控感，让自己进入心流状态？如果生在一个父母有控制欲的家庭，错过了关键的成长阶段，是不是就无法再获得掌控感了？

当然不是，任何时候都可以，只是年龄越大，难度越大而已。想获得掌控感，可以遵循以下四个原则：

第一，你需要有个好身体，要吃好睡好运动好。好身体是生存的本钱，营养跟不上，每天熬夜，没有运动的习惯，别说掌控感了，连健康都是问题。

第二，顺其自然，为所当为。这是森田疗法的创始人森田正马教授于1920年创立一种心理治疗方法，对神经衰弱和强迫症效果非常好。森田正马认为，心理疾病症状的形成，正是因为患者过度关注症状而引起的，患者越是想消除症状，越想逃避痛苦，越会适得其反，让内心的冲突越发严重，痛苦程度更甚，这其实就是"白熊效应"。

那该怎么办呢？答案就是"顺其自然，为所当为"。顺应自然，就是要认清事实，不去评价，无论症状如何，痛苦程度如何，不去管它。"为所当为"就是把事物划分为两大类：自己可控制的和自己不可控制的。比如好好吃饭，这就是你能控制的；而房价的涨跌是你控制不了的。你所要做的，就是做好自己能做的，控制不了的事则让它顺其自然。

"顺其自然，为所当为"是一种极为重要的态度。你可以再找一张A4纸来，中间画一条线，左边是你要顺其自然的事，也就是那些已经是既成事实、无法改变的事情，右边是你可以控制，还能去做的事情。然后从自己能控制的事情入手，慢慢锻炼掌控感。

第三，练习正念，活在当下。什么是正念呢？我们来看看这个"念"字，上面是今，下面是心，今心为念，正是一颗处在当今、当下的心。按照正念创始人、美国麻省大学医学院的乔·卡巴－金博士的观点，正念是我们把注意力有意地、不加评判地放在当下的时候所产生或者涌现的那份觉知。

这一过程，可以用简单的 ABC 来概括。A 是 aware，觉察，就是更好地觉察自己当下的状态；B 是 being with，全然接受自己当下的状态，而不对它做简单粗暴的判断，或者试图强行改变它；C 是 choice，选择，就是在心平气和的觉察和接受状态下，动用理智找到最适合自己的状态。

实际上，我们的大脑天生就有个大"bug"，那就是特别喜欢规划、畅想或担忧未来，要么为一些还没有发生的事情焦虑，要么困在过去出不来，为已经发生的事情感到后悔、内疚或难过。

从进化心理学的角度看，大脑这样设计还是很有道理的，因为这样更有利于生存，特别适合原始森林或者大草原上的生活方式。但是，现在早已是工业现代社会了，生活方式与之前完全不同，人类也摆脱了宗教给予精神上的束缚，但问题也来了——我们这颗要么为未来焦虑，要么为过去懊悔的大脑，与现代社会严重错配，这也成了很多心理问题的根源，比如抑郁症、焦虑症。我们这颗心就这样在未来和过去之间来来回回，错过了当下。

第四，找到自己真正喜欢的，并设定目标。这一点非常重要，但需要建立在前三点的基础上。如果你能接纳现在的自己，做能做的事情，并且活在当下的工作和生活中，那么经过一段时间，你会慢慢找回一些掌控感。这个时候，你真正喜欢的事物会慢慢地从你的脑海里冒出来。

或许不知道哪天，在不经意间，就会有一个念头涌上心头，那个时候你会突然明白，这就是我想做的，是我喜欢的。有了这种强烈的感觉之后，你就可以把你想做的事情具体成目标化，再对目标进行分解，变成一个一个的小目标，再一个一个去完成。

我见过一位非常优秀的医生，考医学院之前，他是个富家子弟，从来没有想过自己会当医生。有一次，他跟朋友出去玩出了车祸，被他的主治医生救了回来，而且恢复得很好。从那之后，他整个人都变了，他想学医，想做一名医生，而且是真心想做。于是，他定下了报考医学院的目标，经过不懈努力，最终如愿成了一名医生。

最后，借用著名心理学家阿德勒的一句话："人只有彻底了解自己，才有能力面对困境，培养自信。而唯有自信，才能克服自卑。"

08

狼孩 VS 猩猩女儿：
为什么我们总是学不好外语

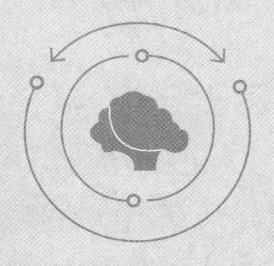

我曾经在大学生做团体活动时，问过他们这样一个问题：你们觉得自己英语学得怎么样？有的学生说学英语好难，背单词背了就忘；听力就是听不懂，完全不知道在说什么；阅读像在看天书；说就更别提了，一说就卡壳，连一句完整的句子都说不出来。有的说，自己的专业课成绩不错，本来完全可以保研，或者出国读书，但就是因为英语成绩差，跟好机会失之交臂。

有的学生因此提出质疑：我们天天花这么多时间、精力和金钱在英语上，究竟图什么？我们为什么要学英语，把这些时间用在专业课和工作实践上难道"不香"吗？还有学生对应试教育提出了批评，认为大家都学成了哑巴英语，除了考试啥都不会。

等学生们抱怨完之后，我请大家做了一个练习。我让他们闭上眼睛，放松身体，然后提了一个问题：提到"学英语"，你的脑海中会第一时间出现怎样的画面？画面出现后，请不要回避，也不要刻意修改，就跟这个画面待在一起，关注自己看见了什么，此时此刻又有怎样的感受。

这时，学生们没有了刚才的抱怨。有的学生说，当提到"学英语"时，他马上想到了自己上高中时一个人走在放学回家的小路上，天灰蒙蒙的，好像下着雨，路面泥泞，他想马上回家，但感觉路很难走，就是回不去，他感受到一种很强烈的孤独感和无助感。原来，这位学生的父母因为工作很忙，平时根本没有时间陪他，但又怕影响他学习，就给他报了很多班，其中就有英语班。

还有一位学生分享说，提到"学英语"，他想起了自己的初中老师。他初中的时候英语成绩就比较差，他为此非常自卑，也很想学好。有一次，英语老师上课提问，他非常用心地回答了问题，但可能因为发音不好听，惹得班里哄堂大笑。虽然答案是对的，但老师却说："连我们班英语成绩最差的同学都会了，你们难道还不会吗？"这句话仿佛一根刺扎在他心中，久久无法释怀。

学生们分享了很多，许多同学说着说着就流下了眼泪，仿佛"学英语"的背后，藏了太多的个人痛苦。

从那次之后，我更加坚信一件事情：孩子的智力都是没有问题的，大脑也是健康的，完全具备学好第二语言的基本能力，之所以学不好，肯定有方法上的问题。可许多学生花了重金上英语培训机构，课上老师讲了许多学习方法，结果又如何呢？依旧学不好。因此，我严重怀疑，学不好的原因根本就不在方法上，而是在心理上。

这一章，我想跟大家聊一聊学英语的深层心理含义，以及学英语的对策。

狼孩 VS 猩猩女儿

不知道你有没有听过"狼孩"的故事。约瑟夫·辛格是美国一所孤儿院的院长，也是一名传教士，他曾写了一本书《狼孩和野人》（*Wolf-Children and Feral Man*），记载了两个狼孩被教化为人的经过，并因此轰动了全世界。

故事发生在 1920 年 10 月的印度加尔各答东北一个名叫米德纳波尔的小城，当地人总说能看见一种神秘的生物出没于附近森林，一到晚上，就有两个用四肢走路的"像人的怪物"尾随在 3 只大狼后面。后来，当地人打死了大狼，在狼窝里发现了这两个"怪物"。但仔细一看，居然是两个裸体的小女孩，大的年约

08 狼孩 VS 猩猩女儿：
为什么我们总是学不好外语

8岁，小的约2岁。据推测，她们应该是在半岁左右被母狼叼到狼窝里去的。随后，辛格收养了这两个小女孩，并把她们送到米德纳波尔的孤儿院去抚养，还给她们取了名字，大的叫卡玛拉、小的叫阿玛拉。

姐妹俩被领进孤儿院时，言语、动作姿势、情绪反应、心理特征等方面都有明显的狼的痕迹。比如，她们习惯用四肢走路，不会双脚站立；她们非常害怕日光，在太阳的强光下几乎睁不开眼睛，并且总是张着嘴，伸出舌头来，如狗一样地喘气；她们白天经常睡觉，一到晚上就活跃起来。而且，每到夜里的10点、凌晨1点和3点，她们就会仰天嚎叫，发出怪异刺耳的声音；她们甚至不会用双手拿东西，也不会使用工具；吃饭时趴在地上狼吞虎咽，并且不肯吃熟食，也不吃五谷杂粮，专门吃生肉，腐烂的肉也吃；她们喜欢喝牛奶，但要人把奶泼在地上，她们在地上舔食。如果这时有人或动物靠近，她们就会发出"呜呜"的警示；她们还不肯穿衣服，强迫穿上她们也不会脱，就用"爪子"把衣服撕碎，似乎不具备羞耻感。

自从来到孤儿院后，她们两人经常如动物似的蜷伏在一起，不愿与其他人靠近。虽然她们惧怕人，但对狗、猫等动物却特别亲近。值得一提的是，姐妹俩完全听不懂当地人的语言，甚至发不出正常幼儿能发出的声音。尤其是姐姐卡玛拉，已经8岁了，但智商还停留在半岁大的婴儿层次。平时她们总是处于高度戒备和恐惧的状态中，竭尽全力想要逃出孤儿院，希望返回丛林。而辛格夫妇却对她们爱护有加，不仅耐心抚养，还试图教育，希望让她们尽快融入人类生活。

可遗憾的是，妹妹阿玛拉进院不到一年，便死去了。2年以后，姐姐卡玛拉勉强学会直立，6年以后才能直立行走，但没有学会直立奔跑。在疾走时，她还是会四肢并用。

而在语言学习这块，卡玛拉尤为困难。她用了将近2年时间，才学会叫辛格夫人"妈妈"。要知道，辛格夫人每天早上都会热情地拥抱卡玛拉，亲切地问候她。慢慢地，卡玛拉学会了微笑。

直到4年之后，卡玛拉才能听懂几句简单的话，并学会了6个单词。7年以后，卡玛拉学会了45个单词，此时的她已经15岁，智力发展水平只相当于2岁幼儿；17岁那年，才相当于4岁小孩的水平。不幸的是，卡玛拉后来得了尿毒症，只活了17岁。她一生只学会了几十个词，会说几句简单的话。

"狼孩"的故事在轰动全世界的同时，也受到了广泛质疑，

08 狼孩 VS 猩猩女儿：
为什么我们总是学不好外语

许多人认为这个故事是假的，并且给出了严谨的论证，认为幼儿根本不可能跟狼生活在一起，而且姐妹俩的年龄之差更是蹊跷：她们是先后被母狼带走的吗？这两个女孩儿有亲缘关系吗？等等。

这些质疑不无道理，但严格考证这些信息也有困难。不过，这种被野兽哺养大，并且离开人类社会长大的野孩子，在20世纪有文献记载的就有十几例，比如，1916年在立陶宛发现了一个"熊孩"；1932年在印度卡查尔森林中发现了一个5岁的"豹孩"；60年代在撒哈拉沙漠发现了一个12岁的"羚羊孩"等。这些孩子都有一个共同的特点，那就是无法使用人类语言，而且智力水平低下，相当于婴幼儿水平。

狼孩的故事同样引发了美国著名比较心理学家温思罗普·奈尔斯·凯洛格的关注。在他看来，人类是从黑猩猩等灵长类动物进化而来的，但为什么会跟狼生活在一起呢？而回到人类社会之后，她们为什么会如此难以融入，这中间到底发生了什么？

比较心理学是心理学的一个分支，通过研究动物行为演化的基本规律，以及处于不同进化水平的动物的各种行为特点，来认识人类心理发展规律。比较心理学的基本假设，来自达尔文的进化论。

不要挑战人性 ❷

为了验证狼孩的故事，凯洛格准备"干一票大的"。但问题来了，如何才能用实验回答他的疑问呢？总不能把一名刚出生的孩子丢给动物抚养，然后观察孩子的变化吧？这是严重违反科学伦理道德的做法。

于是，凯洛格又想出一个方法，那就是把实验环境反过来，让刚出生不久的幼年猩猩到人类家里和人类小孩一起生活，观察猩猩的变化，这不就行了吗？

可还是有问题。幼年猩猩好找，但婴儿怎么办呢？这世界上有哪个家长愿意让自己的孩子跟猩猩生活在一起呢？更困难的是，按照凯洛格的实验流程和标准，参加实验的父母要严格控制对待小猩猩与自己孩子的方式，一视同仁，不得有半点差异。不仅要在心理上将猩猩当作自己的孩子，还要经常亲吻和爱抚，在吃饭和排泄等方面给予细致的照顾，保证实验准确性。这实在是太难了，给再多的酬劳都没人愿意干。因为实现起来太困难，这项大胆的实验设想就被搁置了。

然而，不久之后，凯洛格的妻子成功怀孕了。凯洛格灵机一动，心想：与其求人、不如求己，便打算和妻子商量。

本来还想着怎么说服妻子，没想到妻子非常支持，二话没说

08 狼孩 VS 猩猩女儿：
为什么我们总是学不好外语

就同意了。在 1931 年，凯洛格的儿子出生了，取名为唐纳德。

可儿子降生之后，凯洛格却谨慎了起来，开始担心实验风险，比如小动物身上会不会有什么病菌？就这样，凯洛格硬是拖了 10 个月，等儿子稍大一些，才将一只 7.5 个月大的雌性黑猩猩古亚带回了家，作为儿子唐纳德的妹妹一起生活。

按照凯洛格的实验计划，古亚要和唐纳德一起生活至少 5 年。而且，凯洛格夫妇俩制定了严格的实验标准，那就是像对待自己孩子一样对待古亚。儿子唐纳德有的，小猩猩古亚一个都不能少。比如，衣服穿一样的，餐具用一样的，同样的亲吻和爱抚，连上厕所用的坐便器都是一样的。而且，古亚还必须跟唐纳德一样接受说话和识字训练。除此之外，凯洛格夫妇会每天测量两个孩子的体重、血压、身高等数据，并且详细记录夫妇俩每天对孩子做了什么，什么时间做的，两个孩子的反应如何等情况。

实验开始后，一切都向着凯洛格预期的方向发展，两个孩子相处融洽，古亚也快速融入了人类家庭，而且各项生活技能都在稳定进步。但与此同时，可以明显地看出，妹妹古亚要比哥哥唐纳德学得更快。

然而，随着实验的继续，凯洛格慢慢感觉到失控了，因为他看见了一个惊人的现象——妹妹古亚越来越像人,而哥哥唐纳德却越来越像猩猩。

比如,古亚每次上厕所时,会事先示意爸爸妈妈,做错事了还会用亲吻请求原谅;凯洛格把孩子们喜欢吃的饼干放在高处,唐纳德只知道伸手问爸妈要,古亚却知道拿凳子站上去用手够;小唐纳德经常会用四肢爬行,甚至比用双脚走路的时间还长。

在小唐纳德眼里,古亚的地位更像一个带他玩耍的孩子王,自己是她的小跟班,他跟着古亚学到了许多坏习惯,像是咬人、用嘴叼东西等,而古亚竟然占有绝对的领导地位。

更夸张的是语言学习方面,古亚的语言学习没有太大进展,但儿子唐纳德不但没学会说话,还经常发出猩猩一样的叫声。比如肚子饿时,唐纳德会像猩猩一样发出索要食物的叫声,见到橙子时,也发出激动剧烈的喘息声。实验开始后的 9 个月时间里,正常的孩子大约能掌握 50 个单词,并开始尝试造句,而唐纳德只学会了 3 个单词,说话造句就更不可能了。可以说,妹妹古亚的存在直接影响了哥哥唐纳德的语言学习速度。

这可把凯洛格夫妇吓坏了,他们开始担心儿子的健康成长,于是果断叫停了实验。随后,小猩猩古亚被送回佛罗里达橙园灵长类动物中心，回到了她亲生母亲的身边。但因为长期和人类生活在一起，古亚已经觉得自己就是人类，十分不适应铁笼里的生活，也不认自己的亲生母亲，甚至觉得周围的猩猩都是异类。

后来，因为无法融入猩猩种群，古亚心理极度痛苦，慢慢开始情绪低落，郁郁寡欢，身体也越来越差，不到3个月就因肺炎死了。

而哥哥唐纳德与猩猩妹妹分开生活后，在爸妈的精心培养下，智力渐渐追回了美国孩子的平均值，语言能力也突飞猛进。长大之后的唐纳德并不记得与猩猩妹妹一起生活过，他继承了父母亲的学霸基因，19岁进入哈佛大学医学院学习，成为一名精神科医生。然而，1972年，在凯洛格夫妇相继病逝后，42岁的唐纳德因为抑郁症自杀了。

不知道这算不算命运的轮回。

人类独有的语法系统

从"狼孩"和"猩猩女儿"的故事中就能看出，我们所生活的环境对语言习得的重要意义。狼孩因为从小脱离了人类环境，从而基本丧失了语言习得的能力；唐纳德则因为天天跟猩猩妹妹古亚生活在一起，差点就学不会人类语言了。

那么问题来了，如果凯洛格夫妇不终止实验，而是将实验持续5年，猩猩妹妹古亚能学会人类语言吗？

答案是不能。

凯洛格不得不终止实验，但也错过了一个重大科学发现，这个发现将揭示出动物语言与人类语言的根本区别，发现人类语言发生的重大机制。而这项发现最终被哥伦比亚大学心理语言学家赫伯特·泰瑞斯和他的研究团队摘得。

泰瑞斯教授和他的团队所使用的研究对象也是一只黑猩猩，名叫宁姆·齐姆斯基（Nim Chimpsky）。这个名字起得很有意思，估计是泰瑞斯教授在故意开玩笑，我们后面会介绍一位重量级的心理语言学家，你会明白它的有趣之处。

1973年，宁姆出生在美国俄克拉何马州一个灵长类研究中心。刚一出生，它就被泰瑞斯教授的团队从自己母亲的臂弯中抱走了。之后，宁姆被先后安排在三个人家中抚养。和之前的实验类似，三家人对宁姆的照顾得完全和人类相同，除了穿衣服、尿布，宁姆还要和一家人一起吃饭玩耍。

随后,泰瑞斯教授和他的团队开始介入,教猩猩学习人类的手语。黑猩猩是人类的近亲,两个物种遗传物质的相似性高达98.8%。经过艰苦的学习,宁姆掌握了125个手语手势,还能够准确表达食物类的名词,以及吃、喝这样的动词。

也就是说,宁姆学会了许多词汇。但是,如果教宁姆去说哪怕很短的句子,它却怎么都学不会,因为猩猩的大脑里根本就没有语法生成的机制。比如,"狗咬人"和"人咬狗"所用的单词是完全一样的,只是文字的排列顺序不同。这种不同的排列顺序,直接体现了词汇所代表的事物与事物之间的关系。

这种关系表达规则,正是动物与人类语言之间的根本区别,这就是语法。而自从语法规则出现,人类语言就像"开了挂"一般,信息承载量变得无穷大,比如,你心里的任意想法,哪怕是《进化论》这样的巨著,也能用有限的词汇拼接出来。这种信息组织方式就像搭乐高积木,需要有限的标准化零部件,就能够搭出任意形状的玩具。

想想看,如果没有语法会怎样?那就意味着词汇要无穷多,我们无论有什么想法，都要发明一个词语去指代这个意思，比如"我今天好累，好想吃顿火锅"和"我今天好累，好想去做个按摩"，需要用不同的词来指代。

如果真是这样，那就意味着我们要记忆无穷多的词汇才能实现正常交流。先不说这种交流的可能性，我们大脑的记忆容量是有限的，每天的能量供应也是有限的。如果没有语法，我们就跟黑猩猩一样，不可能出现文明和知识的传承。因为光是每天吃饭、睡觉、繁衍等事务，就够我们大脑受的了，哪有空间去思考。

泰瑞斯也认为，人类语言的本质在于语法，而黑猩猩不具备使用人类语言的能力，它只是简单模仿了人们教给它的动作而已，而模仿的目的是祈求得到奖励，这只是一种条件反射，狗和马也能借此学会"语言"。

得出这个结论后，泰瑞斯教授将宁姆卖给了一家从事艾滋病和肝炎疫苗研发的实验室，每天接受各种药物实验。当宁姆和黑猩猩同胞们待在一起时，它竟恐惧地缩在角落里，因为在它看来，自己不是黑猩猩，而是人类。更令人揪心的是，宁姆看到实验人员经过，总会拼命地做手势，要求他们释放自己。最终，律师兼动物权利主义者哈里·赫曼看不下去了，他向法院提出控告，最终将宁姆解救了出来。

2000 年，宁姆因心脏病去世，年仅 27 岁。要知道，黑猩猩的寿命与人类应是差不多的。

语言的信息加工过程

说到这里，"大神"艾弗拉姆·诺姆·乔姆斯基该登场了。没错，泰瑞斯为猩猩取名宁姆·乔姆斯基，就是为了讽刺诺姆·乔姆斯基，想通过实验证明乔姆斯基是错的，结果自己却被"打脸"了。

为什么说乔姆斯基是"大神"呢？我们先看看他所取得的成就与头衔：世界著名的语言学家，被称为"现代语言学之父"，心理语言学学科奠基人，认知科学领域的创始人。这还没完，随着计算机科学和人工智能的兴起，尤其是机器翻译与自然语言的进步，乔姆斯基还成了这一领域的重要理论奠基人。

乔姆斯基最杰出的成就，来自他对人类语言发生和语法规则的深刻洞见。人类的语言在大脑内可以从自下而上的 5 个部分来理解：

第一个是音素（phoneme），也就是我们利用肺、声腔、喉部、唇、舌和牙齿等器官进行复杂协作，从而发出来的声响。音素本身没什么意义，就是单一的声音。而在任何一种语言中，少的仅可使用 15 个音素，多的则可以用到 85 个。比如英语中就有大约 45 个音素，但其中的 9 个音素构成了英语中超过一半的单词。

第二个是词素（morpheme），这是语言中最小的意义单位，就是我们在单词中常碰见的前缀、后缀。词素既可以是自由词素，也可以是绑定词素。自由词素是独立存在的意义单元，比如，color, orange, dog, drive，而 -less, -ment, -ing，这些作为单词一部分的则是绑定词素。通过组合词素，我们能够生成数不清的单词。

第三个是词法（morphology），可简单理解成词素之间的组合方法。我们以英语为例，在英语中，有超过 10 万个单词是由词素组合而成的。我们在学英语时都会背单词，但如果细心点就会发现，单词中有许多构词规则，有些单词就是由一个中心意思的简单单词再加上前缀或者后缀构成的。

脑科学研究表明，大脑对于词素和词法的认知加工主要依赖于视觉皮层的识别加工，以及大脑语义库的识别加工。前者可以理解为我们对看到的文字进行视觉图像识别，跟我们大脑中已经存在的图像进行比对，并认出文字是什么；后者是指我们在语言学习的过程中，会在记忆系统中存入语义库，这里有大量词汇的内涵和概念，每个概念都与一定的经验记忆挂钩。

第四个是句法（syntax），这是控制词素组合成短语和句子的规则。句子加工在大脑层面比词汇加工更加复杂，研究表明，无论是短语的加工还是句子的加工，我们大脑内都好像预先设置了一套标准化的模板，组句时将词汇素材自动按照预先设定好的规则进行组合。而当组句出现错误时，大脑就会发信号报警。这在脑科学研究里叫作"句子违反效应"，简称ELAN。

第五个则是语法（grammar），即掌控语言规律性的规则集合。语法加工和语言的理解涉及更广泛的脑区。这个认知加工过程非常复杂，简单来说，就是大脑会根据当前我们所处的环境，或者正在跟什么人说话，以及跟当前说话的人是什么关系，进行综合判定。然后根据之前的词汇、短语和句子的加工材料进行再加工，从而朝着有利于自己的方向，把大段的话说出去，并根据环境的反馈，再重新组织语言。

而乔姆斯基的核心观点，正是围绕语法展开的。他认为，我们的语言同时具有表层和深层两种结构，语言的生成是由深层结构经由"转换生成机制"转化为表层结构的,这是一种人类特有的普遍语法。

举个例子,有这样两句话:"猫被狗追赶"和"狗追赶猫",这两句话其实是一个意思,只是在表达"狗"和"猫"的关系上出现了差异。以上两个句子都是正确的,表达同样的意思,使用相近的单词,但是在表层结构上有所差异。

换句话说,"猫被狗追赶"和"狗追赶猫"的深层结构是一样的,因为在你脑海中一定会出现一个模模糊糊的画面,好像是一只狗在追赶一只猫。当你想表达你心里所想之时,会无意识地运用自己掌握的普遍语法,将心中所显示的图景转换出来,变成具体的句子。整个过程都是自动化进行的,你根本意识不到。

再举个例子,你现在跟你的恋人在一起感觉很幸福,你想跟她表达你的感受。这时,你准备怎么说呢?我想,"幸福的感受"这个意思,全世界任何一种语言都能表达,但无论用哪一种语言,没有哪两个人会用同一种说法,大家一定是用自己独特的方式去表达自己的感受。

这种把内心感受或者脑海中的想法用语言的方式组织起来,

并通过口头或者文字的形式表达出来的过程，就是语言"深层结构"向"表层结构"的转换，乔姆斯基称之为"转换生成机制"。

按照乔姆斯基的观点，全世界各个国家和地区的语言虽然拥有不同的表层结构，但都拥有共同的深层结构。也就是说，中国恋人在一起所感受到的幸福，和美国恋人所感受到的幸福本质上是一样的，只是大家用了截然不同的转换生成机制，把同样的深层结构，转换成了汉语和英语这两种截然不同的表层结构。

也正因如此，人类的任何语言完全可以互译，最终实现信息上的相互交流。

回到之前的故事，泰瑞斯认为如果自己教会了黑猩猩如何造句，无论是通过语言还是手语的形式，能让黑猩猩说出一句完整的话来，就能够证明乔姆斯基的理论是错的。但是泰瑞斯的实验结果是，黑猩猩的确可以通过手语的形式学会简单的词汇，但是却没有办法将词汇连成句子，从某种意义上来说，就好像缺少了乔姆斯基理论中的"转换生成机制"，而这种语言机制也是目前人类所独有的。

所以我们学习一种外语时，绝对不会像黑猩猩学习人类语言那样，存在大脑上的鸿沟。实际上，我们现在的外语学习方式，都是在学习外语的表层结构，用表层结构倒推深层结构，从而在这种倒推的过程中逐渐习得转换机制，从而掌握第二语言。

那为什么母语习得显得如此理所应当、自然而然，而外语习得却这么难呢？这就要从婴儿的语言学习说起了。

"双母语"的那些婴儿

其实，孩子在出生之前，并不知道自己要选择哪种语言作为母语，就算让中国孩子生在美国，让美国孩子生在中国，他们照样能很顺利地学会汉语和英语。

而且，孩子学习语言速度之快，质量之高，真的令人惊叹。心理学家杰柯·梅勒和彼得·朱斯科让刚出生4天的法国婴儿同时听法语和俄语，发现婴儿对法语天生更感兴趣。这说明，婴儿在妈妈肚子里的时候，就已经通过妈妈的身体聆听了。

随后，孩子会对养育者，尤其是妈妈的声音格外感兴趣。到6个月时，他们开始逐渐分辨母语中不同的音素，并将这些不同的发音区分开。到10个月时，婴儿已经具备对母语不同音素和

08 狼孩 VS 猩猩女儿：
为什么我们总是学不好外语

发音的区分，而且相当准确。虽然他们并不知道自己听到的每个词是什么意思，但能听清楚并会分辨不同的声音，完全没问题。

与此同时，婴儿开始试着发出自己的声音，这就是我们常说的"咿呀学语"。5～7个月的时候，婴儿开始以发出各种声音为乐，借此表达自己身体或情绪上的状态。比如吸气音、蜂音、滑音、颤音、咝音和爆破音。等到7～8个月时，婴儿突然开始发出真正的音节，几乎全世界的婴儿能发出的第一个音都是"ma"，但只能发出单音节。到1岁的时候，婴儿已经能够进行音节的变换，咿咿呀呀地乱说一气，听起来就像真正的句子。

当婴儿长到18个月左右时，语言能力开始突飞猛进。他们的词语量获得快速增长，平均每两个小时就能学习一个新的单词，词汇量"大爆炸"。在2岁末至3岁半之间，儿童可以讲出合乎语法的流利语言，这个转变非常快。而且，这个时候的孩子说出的句子越来越长，句法类型也开始呈几何级增长，平均每个月增加一倍，在3周岁前就可以达到上千个。最让人感到惊奇的是，这时候的孩子经常会说一些完全超出他们智力和经验范围的语言，而这些话从来没人教过他们。

对于孩子学习母语的神奇能力，乔姆斯基认为，儿童的大脑里天生就具有学习语言的机制，即"语言习得机制"（language acquisition device，LAD）。这个机制刻写在我们每个人的基因当中。而这当中，就有大名鼎鼎的 FOXP2 基因。2002 年,《自然》杂志的一篇文章指出，人类 FOXP2 基因上的两个独特突变能够在很大程度上解释人类的语言能力。也正是因为有了这两处突变，人类获得了语言能力，尤其是"语法机制"和"语言习得机制"，这造就了现在人类辉煌的文明。

这个结论在随后十几年间被不断引用，甚至被收入教科书，但在近些年却遭到了质疑。2018 年 8 月发表在《美国国家科学院院刊》的一篇重磅论文指出：通过对现代人及尼安德特人的基因进行分析，曾经被认为对人类进化至关重要的 FOXP2 基因，在过去的 20 万年中，在人类身上并没有经历特殊变化。这也意味着，对于人类语言的进化史，我们还远未找到答案。"语言习得机制"是怎么来的这个问题相当复杂，没法只用单一基因突变来解释。

那么，怎么理解这套天生的"语言习得机制"呢？如果我们把语言系统比成一台精密的声音翻译仪器操作台，它不仅能够发出各类声音，制造千差万别的声音效果，还能从各种声音中分辨细微差别，并将收集到的声音转换成能听懂的意思，那么"语言习得机制"就是这台仪器的出厂操作说明书,告诉使用者怎么操作它。

婴儿刚开始哪看得懂"说明书"啊,于是就通过咿呀学语的方式,把操作台上每一个按键都按了一遍。按着按着,突然发现自己的爸爸妈妈在旁边有反馈了,比如发出"ba"这个音,爸爸就很高兴,抱起他举高高。于是,在养育者的反馈下,婴儿渐渐能"看懂"说明书了,并按照说明书,顺利启动了仪器。慢慢地,婴儿对仪器的驾驭越来越熟练。等到了36个月时,婴儿已经能很熟练地操作这台仪器,于是仪器开启了"自动操作模式",把婴儿之前的操作流程复制下来,不太需要人工干预了。这个时候,婴儿就已经完全掌握母语了。

等婴儿完全掌握了母语之后,大脑内就会发生一个神奇的现象:髓鞘化。

也就是说,当孩子在咿呀学语中逐渐掌握了母语的发音和使用时,大脑内特定语言区域神经元的轴突就开始伸长,神经元末梢会长出更多的突触,以便和其他的神经元形成联结。在这个过程中,脑室会分泌一种叫髓磷脂的物质,它能包裹负责传递神经电流的神经轴,相当于让神经元变成绝缘体,这样就可以让这条神经元通路只对特定的刺激产生反应，有效避免其他信息的干扰。

研究表明，孩子在 3 岁左右时，语言的髓鞘化就开始了。但这是一个相对缓慢的过程，一直要到青春期，髓鞘化才能逐渐完成。一旦完成髓鞘化，就意味着我们的母语定型了，而且功能会非常强大，语言区域神经元的电传导速度将加快一个数量级。

然而，髓鞘化的完成也意味着大脑天生的"语言习得机制"完成了使命，孩子完全可以依靠母语生存下去了，可以用母语与父母亲人建立深厚的关系，与小伙伴建立友谊，可以用母语学习必要的生存知识，寻找配偶生儿育女。

如果在原始社会，学会一门母语足够用了，因为你一辈子只能生活在自己部落方圆几十公里的地方，没有学会两种以上语言的需求。所以，我们的大脑设定好了时间排期，在特定年龄段全速学会母语，然后将母语固定下来，并把大脑学习语言所用的资源腾出来，用在更需要的地方。也就是说，孩子 3 岁之前，学习语言的能力最强，随后便会逐年下降。

但其实，我们的语言学习能力并不会完全消失，这种能力的再次激活需要一个契机，你得让大脑明白，现在的母语已经没法

08 狼孩 VS 猩猩女儿：
为什么我们总是学不好外语

让自己活下去了，没法找伴侣繁衍后代了，必须得学新的语言。这时候，大脑就会爆发出新的潜力。比如，每年有成千上万来自世界各地的移民到美国，许多人没有受过任何教育，甚至连字都不认识，更别提讲英语了。但他们到美国后，为了活下去，就必须外出打工，跟当地人打交道。于是，这些移民没多久就能说一口流利的英语。

那么，我们到底是怎样学习第二语言的呢？

脑科学家在孩子的双语学习方面做了大量的研究，有了重大发现：总的来说，第二语言的学习有两个非常关键的影响因素：一个是习得年龄，另一个是熟练度。

大脑功能核磁共振成像（fMRI）研究显示，如果孩子学习第二语言的时间是3岁以后，或者年龄更大一些，使用母语时的大脑耗能很低，而使用第二语言时大脑耗能就会比较高。

但如果孩子出生在双语家庭，比如爸爸是中国人，妈妈是美国人，孩子从小受到双语环境的熏陶，虽然生活在美国，但爸爸常讲中文，孩子能够很熟练地将英文转换成中文。研究发现，这种孩子在使用母语和第二语言时，大脑内被激活的语言区域的位置是高度重叠的。也就是说,孩子在语言"出厂设置"时,直接设置了两种语言作为母语,大脑里的语言转换生成机制自带同时转换两种语言的能力,也就是说,孩子心中有了"我想去公园玩"这个念头之后,既可以用中文表达出来,也可以用英文表达出来,这两种转换是不冲突的。而且,双语使用得越早,大脑功能就越强大。

如果是成年后才开始学习第二语言,就会发现"熟悉度"起了决定性作用。比如,一名成年人母语是中文,第二语言是英文,并且系统学习过英文。如果他因为工作原因不得不经常出差去英语国家,还要用英文与同事交流,他在使用英文时大脑内被激活的区域也跟使用母语时所激活的区域高度重叠。并且,他的英文越熟练,使用英文时大脑被激活的区域范围就越小。当然,如果第二语言使用不熟练,此时大脑的侧前额叶就会被更多地激活,而且激活范围和程度都比较大。

第二语言学习的真正障碍

从脑科学的研究中我们不难发现,其实真正影响第二语言使用的就是熟练度。而且,第二语言使用得越多,就越能达到和从

08 狼孩 VS 猩猩女儿：
为什么我们总是学不好外语

小就使用双语的人一样的效果。那么，你为什么不多使用外语呢？

你可能会告诉我，是因为没条件交流、不认识外国人、没有时间等，你可以找出一百个理由。但请仔细想想，这些理由真的能阻止你用英语交流吗？所以，在你列出的那些理由后面，往往有一层隐藏的含义，就是"我不想。"

我相信，你的理性层面是很想学好的，也很希望自己有朝一日能跟来自世界各国的朋友交流。但有意思的是，你到底想不想，不是意识层面能决定的，而是潜意识决定的。你的潜意识为什么不想呢？我总结了以下三个原因。

原因一：害怕背叛自己的文化

我曾听过著名心理治疗师曾奇峰老师分享的一个案例。

一位女性心理治疗师在专业上非常优秀，但英语不太好。因为心理治疗领域中许多优秀的专家都是外国人，每次讲课或者做专业督导时，都是用英语，这就让这位女治疗师感到很头疼，感觉英语阻碍了她的专业进步。她也很努力地在学英语，但总是觉得像什么卡住了一样，就是学不好。

后来，曾老师在给这位女治疗师做督导时，谈到了她学英语的障碍，当时曾老师给了一个解释：你说你的父亲是知名的中文教授，你之所以学英语很困难，花了足够多的时间还是没学好，是不是因为你害怕学好了英语，就冒犯了你的父亲？

接着，两个人深入讨论了这个问题。原来，女治疗师的父亲属于那种非常严谨且对子女严厉的"老学究"，骨子里很排斥西方文化。因此，每当女治疗师在学英语时，她潜意识里都会认为，自己是在和父亲站在对立面。要知道，父亲将汉语研究视如生命，女儿不但没有继承过来，还学习父亲讨厌的英语，而且还从事发源于西方的心理学工作，这就等同于要在精神上放弃母语，这是自己绝对不能接受的。

有意思的是，当女治疗师潜意识层面的认识被曾老师解释出来后，她的内在冲突就缓解了，渐渐地，她的英语水平突飞猛进。其实，从某种程度上来讲，学会了另一种语言意味着"远行"，意味着要离开"母语文化圈"。我们每个人在人性深处都认同自己的文化，试图寻找归属。孕育本民族文化最初的地方，就是我们的原生家庭，我们的父母。而我们的母语，正是本民族文化的载体，是我们内心的归属之地。

原因二：害怕被拒绝

我记得曾经有个学生跟我说，他没法跟外国人交流，没法开口讲英语，因为一见到外教或者外国朋友，他就非常紧张。

我觉得很有意思，于是就问他：如果你遇到不熟悉的中国同学，你会感觉紧张吗？

他想了一会儿，说自己不至于紧张，就是会觉得尴尬，因为不熟悉，不知道要说什么，所以他一般遇到这样的场合，都会熟练地拿出手机，假装自己正忙着回消息，其实他是在刷朋友圈。

拒绝跟外教交流只是一个表象，透露出他拒绝跟一切感觉不安全的人交流，他害怕被拒绝；另一方面，害怕被拒绝的背后，又有这样的潜在逻辑——"我想控制你，你不能拒绝我""如果你拒绝了我，那就意味着我是不好的，意味着你控制了我"。他希望做双方关系的主导者，但又不擅长英语，没办法主导关系，这是他无法接受的，所以他的潜意识就用各种方式去终结关系，为了避免痛苦，干脆就不主动、不交往，这样似乎就能有效地避免被拒绝。

不要挑战人性 ❷

原因三：害怕失败且具有完美主义倾向

曾经有位女生给我留下了深刻的印象，她家人要她出国读书，但她的雅思考试总是无法通过。尤其是口语和写作，是她的弱项。

我就问她，你有没有做过专项训练，比如请个老师帮你指导一下？

女生说自己没办法开口，因为她始终觉得自己没准备好，还需要再准备一下。她陷入了"准备、准备、再准备"的怪圈中。

我问她，你到底在准备什么呢？

她说她无法容忍自己出错，所以她要确保自己说的每一句话都要正确且地道。

我说：你是准备等自己成为一个"native speaker"之后，再去参加考试吗？

她低下头，说她也知道自己这样不对，但每次准备考试的时候，如果说错一句话，或者做错一道题，她都要难受好长时间。这种感觉太痛苦了，她不允许自己犯错，更不允许自己失败。

08 狼孩 VS 猩猩女儿：
为什么我们总是学不好外语

其实，女孩的父母经营着一家家族企业，家里希望女孩能去国外念书，并继承家族企业。另外，她有个对她要求超级严格的妈妈。

她的妈妈非常强势，从小就逼着她学这个学那个，绝不允许"忤逆"。在妈妈的字典里，只有"优秀"和"卓越"，绝不允许有"平凡"，必须要做"人上人"。女孩从小就活得小心翼翼，每次考试后出成绩时都极为忐忑痛苦，害怕妈妈说自己成绩不好。每次没考好分数，她都怕妈妈抛弃她，因此她不允许自己失败，一旦失败，她就觉得自己不配生活在这个家庭里。她非常害怕爸爸妈妈再生一个孩子，尤其是生一个弟弟，这可能意味着她会被抛弃。

于是，她非常努力、非常刻苦，但努力的方向却是要确保自己每件事都不出错。

实际上，我们身边有太多这样的孩子，每天活得小心翼翼、战战兢兢，背负着父母乃至家族的使命，远赴他乡留学。但这些孩子缺少勇气，心理发展水平非常低，贸然把这样的孩子送到国外念书，有可能害了他们。

不要挑战人性 ❷

学好外语的策略

其实,想学好任何一门外语,重点都是提高对这门语言的熟悉度。而提高熟悉度的唯一路线,就是增加使用频率,尤其是与他人协作交流。

然而,我们绝大部分人,其实卡在了心理"排斥"的层面上。市面上很多培训课程都是让大家大声把英语讲出来。这个方法本身没什么问题,但问题不在方法上,而在使用这个方法的人身上。这不是在强迫他们吗?这些人潜意识中的"害怕"怎么可能通过"强迫"来克服呢?这只会把他们越推越远,让他们越来越害怕,越来越排斥。

那怎么解决这个问题呢?或许可以寻求专业的心理学从业者的建议。

在这里,我也教给大家一套自己在家也能用的心理调节方法,来源于认知行为疗法的创始人亚伦·特姆金·贝克。

此方法分为五个步骤,目的是帮助你克服用外语交流前的恐惧、焦虑和害怕,或者说那种让我们觉得不安全的感受,为我们的交流扫清障碍。

第一步，寻找。我们首先要学会识别"不安全"的感觉，学会看见它们，正确评价它们。你可能都没有意识到自己有这种不安全的感觉，或者它们模模糊糊的。你要做的第一步，是找到这种感觉的具体痕迹，它就藏在我们的语言结构里。例如，一个经常使用"必须"或者"应该"句式的人，往往容易陷入追求完美的困境；一个经常担心"如果……会怎样""我不能……"的人，可能有回避心理；一个经常犹豫"我要不要……，但万一……呢"的人，或许经常感到内疚，过于在意他人的评价。这些语言习惯，都暴露了不安全感。

第二步，辨别。比如说，你准备考研，而英语模拟考试成绩总是不理想，于是你大脑里就有了"别考了，怎么努力也没用"的念头，感到沮丧和焦虑。这时候不妨想一想，你的判断基于的是事实吗？还是你的臆想呢？其实，这个判断背后的逻辑是这样的："我已经很努力了，怎么跟我想得不一样了。本来稍微努力一下成绩就应该上升的，这才配得上我的能力。"于是，你做出了"别考了，怎么努力也没用"的决定，因为这样你就不用承受"自己没用"的挫败感了。

第三步，反思。在你做出反应和决定之前，不妨拿出一张A4纸，在中间划一道竖线，并在上面居中的位置，把自己刚才一闪而过的念头写下来；接着，在左边写上有什么证据来佐证你的念头，再在右边写上你为什么会有这个念头。记住，你找的佐证得是的的确确发生过的事实才行，不能是猜测和推断。另外，原因一定要具体，想想自己冒出这个念头的内在逻辑是什么。

第四步，找资源、进圈子。第三步完成之后，比如你发现自己其实是害怕社交，也不要急着去做改变，更不要责怪和评价自己，先把这些放在一边，不去管它们。你要做的是先通过互联网或身边的渠道，寻找适合自己的外语学习社群和资源。这种社群非常多，你可以先加入，逐渐活跃起来。

第五步，微改变。亚马逊的创始人贝索斯曾经给亚马逊的成功打了一个比喻，叫"飞轮效应"。你可以想象一下，有一个巨大的轮子，又沉又笨，想把它转动起来非常困难。但是没关系，你可以在轮子的每一个点上都使些力气，再顺着同一个方向转动，刚开始会非常慢，但每一次努力都不会白费，一旦转动起来，它就会越来越快。其实，我们的改变也是这样。"罗马城不是一天建成的"，你的心理大厦也不是一两天塑造出来的，这些都是日积月累的结果。它们就像一个飞轮，你需要专注于当下的一小步，先做了再说。比如，你没法跟外教交流，但可以换一个更小的目标，比如先主动跟外教打个招呼，给外教带杯咖啡等。

我曾经关注过一个游戏主播，他经常跟国外玩家组队一起玩，队友不一定是英语国家的人，也有韩国人、日本人、俄罗斯人、土耳其人、印度人等，口音各式各样。因为是组队游戏，大家必须打开麦克风进行及时沟通，报告自己当前的情况。这名主播刚开播的时候其实不太会说英语，说的简直可以用"难听"来形容。但后来，令我惊奇的是，这名主播开播近一年后，英语水平突飞猛进，不仅能用一口非常流利的英语跟任何人交流，而且人们完全听得懂他带有口音的英语。

所以，请专注于当下的每一件小事，别评价自己。这就是"微改变"。至于这些改变能不能带来你想要的结果，则不必过度关注。只要专注当下，一直做，我相信，你会做得更好。

09

猩猩顿悟实验:
如何唤醒你的创造力?

最近，OpenAI 旗下的产品 ChatGPT 大火，在全球范围内掀起了人工智能的新浪潮。尤其是 GPT-4 多模式模型的发布，让人工智能不仅可以接受图像和文本输入，同时还能输出文本，而且在各种专业和学术基准上表现出一定的水平。那么，这样的人工智能，会不会让我们许多人失业呢？

在回答这个问题之前，我们先从技术的角度来看，ChatGPT 是什么。实际上，ChatGPT 是一个语言模型，本质上就是数学模型，它生成的所有内容，都是依据互联网上原来就有的内容，加上几千亿个参数，通过概率计算来生成文字，从而匹配你的问题。

也就是说，ChatGPT 所生成的内容，一定是在互联网上曾经由某个人创造出来，然后 ChatGPT 学过来，并通过数学模型计算得到的，这其实是一种基于原创内容的再创作。

从这个角度来讲，其实今天互联网上 90% 以上的内容，都是在前人的基础上"东抄抄，西凑凑"做出来的，短视频所提供的内容更是如此。可以这样说，以后那些靠"东抄抄，西凑凑"做内容的人，尤其是一些每天坐在办公室做简单重复工作的脑力劳动者，必然要被 ChatGPT 所替代。因为 ChatGPT 做得又快又好，而且还省钱省精力，不用管理不用休息，性价比实在太高了。

那么，什么工作替代不了呢？毫无疑问，一定是那些能创造出新内容的工作，而这样的工作就特别依赖创造力。也就是说，无论 ChatGPT 怎么发展，只要人工智能还依赖数学模型，那么拥有创造力的人就暂时不会被淘汰。当然，如果有一天人工智能也具有创造力了，那可能就另当别论了，不过短时间内还看不到。

那么，创造力到底是怎么回事呢？什么样的人拥有创造力？创造力是怎样激发出来的呢？

顿悟实验：我们天生就拥有创造力

实际上，创造力并不是什么新鲜事儿。创造力是人类特有的一种综合性本领，是指产生新思想、发现和创造新事物的能力。

不要挑战人性 ❷

关于人类的创造力，爱因斯坦说过一句最著名也最有力量的话：创造力比知识更重要。因为创造力才是发现和产生知识的源头。当前，世界正经历着百年未有之大变局，新一轮科技革命和产业变革深入发展，我们国家也在大力推广素质教育，并且从素质教育中还专门衍生出了创造力教育，目的就是培养孩子的创造力。

那么问题来了，创造力到底是先天就有的，还是后天培养的呢？我们的创造力究竟能不能被培养出来呢？

我们先来看一个非常经典的心理学实验，这是由德国著名心理学家沃尔夫冈·柯勒所主持的。1887年1月21日，柯勒出生在爱沙尼亚塔林，后来在德国的沃尔芬布特尔长大。1909年，柯勒获得柏林大学哲学博士学位。此后他在法兰克福大学担任心理学助教。从1913年起，他在普鲁士科学院设在西班牙属地加那利群岛特内里费岛的猩猩研究站担任站长，不久第一次世界大战爆发，他在岛上一直待到了1920年。在猩猩研究站的这段时间，柯勒对大猩猩展开了深入的研究，并写成了《猿猴的智力》一书，系统阐述了人类心智的起源以及大脑是如何学习的问题。而这当中，就有著名的"猩猩顿悟实验"。

这次的实验对象是一只雄性猩猩，名叫萨尔顿。某一天，柯

09 猩猩顿悟实验：
如何唤醒你的创造力？

勒故意一上午都给没萨尔顿吃任何东西，萨尔顿非常饿，在笼子里到处转悠，时不时发出"吱吱"的叫声，呼唤饲养员给它吃的，并表达自己的不满情绪。这时候，柯勒和饲养员突然打开笼子，并把它带到了一个房间里，这让萨尔顿感到非常迷惑，不知道接下来将要发生什么。突然，萨尔顿看见了一串香蕉，这可把它高兴坏了。但再仔细一看，坏了，这串香蕉可是挂在天花板上，离地面2米多，根本就够不着啊！于是，萨尔顿对着香蕉又蹦又跳，焦急地绕着房间转圈圈，还发出不满的咆哮。

因为实在太饿了，萨尔顿盯着香蕉干着急，又不想放弃即将到手的美食，得想想办法才行，怎么办呢？忽然，萨尔顿看见在房间的角落里放着一根短木棍，还有一个大木箱。当然了，作为大猩猩，萨尔顿并不知道这两个玩意儿的用处。但它看了看香蕉，又看了看木棍，好像突然想到了什么。于是，它快速跑过去，捡起木棍，试图用木棍去击打香蕉，好把香蕉弄下来。可是，木棍太短了，根本够不着。萨尔顿开始气急败坏，不停地来回跳跃，还发出"吱吱"的尖叫。突然，萨尔顿好像又想到了什么。它径直走向箱子，把箱子直接拖到香蕉下面，然后站在箱子上面，轻轻一跳就拿到了香蕉。这下可把萨尔顿高兴坏了，它开始尽情地享用香蕉。当然了，角落里的柯勒正拿着小本本记录着眼前发生的一切。

不要挑战人性 ❷

过了几天，柯勒又不给萨尔顿吃东西了，然后把它带到了一个房间，房间天花板上挂着一串香蕉，只不过这次的香蕉挂得比上次高多了，另外，房间里有两个箱子，一大一小。跟上次一样，萨尔顿起初用力往上跳，想够着香蕉，但尝试了许多次均以失败告终。萨尔顿着急了，它开始在屋子里到处踱步，并发出"吱吱"的尖叫声。忽然，它停下脚步，好像想到了什么。它先把大箱子搬到香蕉下面，接着站在上面，蹲下来，再用力往上跳，可惜没够着，香蕉挂得太高了。萨尔顿非常生气，气得在房子里乱跑。在乱跑的过程中，它抓起另一个小箱子，在屋子里拖来拖去，愤怒地吼叫着，踢墙，把自己的怨气都发泄在这个小箱子上。

就在这时，萨尔顿突然停了下来，它好像又想到了什么。它把小一点的箱子拖到那个大箱子上面，再爬到小箱子上用力向上跳，结果还真就够到了香蕉。这可把萨尔顿开心坏了，它开始津津有味地享用，刚才的不开心瞬间烟消云散了。

后来，柯勒开始加大难度了。这次，他采用同样的方法，把饿了半天的萨尔顿带到一个装有铁丝栅栏的房间里，铁丝栅栏把房间分开，一边是萨尔顿，另一边则是一串香蕉。而萨尔顿这边有一根短棍，香蕉那一侧则有一根长棍。

09 猩猩顿悟实验：如何唤醒你的创造力？

萨尔顿看见香蕉时，伸手穿过铁丝栅栏拼命去够，当然，结果是徒劳的。于是，萨尔顿想到了拿自己这侧的短棍去够，但短棍长度不够。这可把萨尔顿气坏了，它拼命摇晃栅栏，并试着撕咬笼子上的铁丝，但无论它怎么折腾，都是徒劳的。而就在这时，萨尔顿停了下来，而且停顿的时间很长，它四处打量着房间，好像在思考什么。突然，萨尔顿起身走向长棍的方向，先用短棍把长棍拨到自己面前。顺利拿到长棍后，萨尔顿走到正对着香蕉的地方，用长棍拨到了香蕉。这可把旁边记录的柯勒给惊到了，要知道，谁都没有教过萨尔顿"短棍、长棍和香蕉"的逻辑关系，柯勒认为，这些事物之间的逻辑关系以及解决方案，是萨尔顿自己"顿悟"出来的，也就是说，灵长类动物的大脑天生就有将看起来毫不相干的旧事物，用全新的方式联系在一起，从而创造性解决问题的能力。柯勒认为，这就是创造力。

为了进一步验证自己的理论，柯勒又做了一项实验。这一次，他把饿了半天的萨尔顿带到一个房间。同样，房间里有一个铁丝网栅栏，萨尔顿的一侧有一个小箱子和两根棍子，一根细、一根粗，而细棍子正好可以插进粗棍子里面；另一侧则是香蕉。

实验开始后，萨尔顿照例把箱子拖到栅栏前面，然后拿起棍子去够香蕉，但距离还是太远。结果，萨尔顿卡在这里了，他拿着两根棍子，蹲在箱子上，百思不得其解，又花费了近一个小时的时间尝试各种方法，但还是够不着香蕉。眼看萨尔顿就要失败了，柯勒看不下去了，他走到萨尔顿面前，用一根手指戳了戳一根棍子的末端，给它暗示，让萨尔顿把两根棍子接起来，结果萨尔顿没明白。

又过了很长时间，萨尔顿用不同的姿势蹲在箱子上，手上拿着两根棍子随便把玩。玩着玩着，它好像发现了什么，接着把两根棍子头尾一接，居然接上了，这下棍子变长了。于是，萨尔顿迅速跳下箱子，直奔到铁栅栏前，用这根加长一倍的棍子，顺利拨到了香蕉。一直站在一旁观察的柯勒记录下了这一切，并表达了由衷的喜悦。

再后来，柯勒换了一只叫谢果的母猩猩来做实验，实验同样在一个装有铁栅栏的房间进行。和萨尔顿一样，谢果需要尝试把棍子接起来，再够到香蕉。可能这只叫谢果的母猩猩脾气比较大，它尝试了半个多小时，用了各种办法始终没把香蕉够到。结果，谢果直接"躺平"，甩手不干了，任凭柯勒怎么叫也没用。

这时，柯勒想了一个"主意"，他让饲养员把笼子里的其他黑猩猩都带过来，但都拴在门口，不许靠近谢果。奇特的一幕上演了,当谢果看见其他猩猩出现在面前时,一下就"支棱"起来了,它开始拼命吼叫,好像是在警告其他几只猩猩不许靠近,那串香蕉是它的,谁都不许碰。不知怎的,谢果的潜力好像一下被激发出来了,它突然找到了棍子上的"窍门",然后顺利够到了香蕉。显然,其他猩猩的出现刺激到了谢果,从而激发了它的创造力。

柯勒还发现,这些猩猩的学习能力很强,只要让它们成功一次,它们就能把这种解决问题的办法进行归纳总结,并应用到其他不同的情况中去。尤其是黑猩猩萨尔顿,经过多次实验,它已经学会应付各种"考试"了。

1928年,哥伦比亚大学的几位心理学家采用柯勒的实验方法,对1岁半至4岁的孩子进行了同样的实验。当然了,实验奖励用的不是香蕉,而是玩具。并且出于实验伦理的需要,不能让这些孩子饿肚子。实验人员把玩具放在孩子们拿不到的地方,要么在围栏外,要么放在某个比较高的小桌子上。同时,实验室里还放了棍子,以及可以爬到桌子上的小椅子和箱子。

从实验结果来看,这些孩子可比大猩猩厉害多了,有些孩子能立刻看到问题的解决方法,有些则转悠了一会儿,突然就找到了解决问题的办法,整个过程与猩猩实验有着惊人的相似之处。

只不过，即使是刚 1 岁半的小朋友，其解决问题的能力也要远远高于成熟的猩猩。

也就是说，无论是灵长类动物还是人类，大脑都具有将一些毫不相关的事物创造性地串联起来并用于解决问题的能力，即"联结"的能力。只不过这种能力有大有小，如果面对复杂的问题场景，比如解决了发射火箭这样的系统性复杂问题，那么创造能力就大；如果只是解决了柯勒"顿悟实验"这样的问题，那么创造能力就小。

产生创造力是有条件的

实际上，产生创造力并决定创造力的大小有三个最基本的前提条件：

第一个前提条件是我们理解并掌握知识和概念的数量与质量。比如我们在中学化学课堂上都听过德国著名化学家凯库勒在梦中发现苯环结构的故事。说有一天晚上，凯库勒坐马车回家，在车上昏昏欲睡。在半梦半醒之间，他看到碳链似乎活了起来，变成了一条蛇，在他眼前不断翻腾，突然咬住了自己的尾巴，形成了一个环……凯库勒猛然惊醒，受到梦的启发，明白了苯分子

09 猩猩顿悟实验：如何唤醒你的创造力？

原来是一个六角形环状结构。

的确，人在做梦的时候会产生创造力，但我们每个人都会睡觉，都会做梦，为什么只有凯库勒能发现苯环呢？这是因为他拥有非常扎实的化学功底，理解深刻，掌握了有机化学的基本概念，特别是"碳元素"的概念。只有理解并掌握了事物的基本概念，我们才能在面对复杂问题时，将这些"原材料"进行联结。俗话说，巧妇难为无米之炊。如果连最基本的知识和概念都不知道，创造力就只能停留在"顿悟实验"这样的简单创造力水平上了。

那么，为什么我们身边许多人学习成绩不错，受过高等教育，有些人还是名牌大学毕业的，知识水平相当扎实，但他们的一生过得是庸庸碌碌、浑浑噩噩，创造力根本发挥不出来呢？换句话说，这些人大脑里虽然有的是"原材料"，但在大脑里根本联系不起来，他们只能因循守旧，无法创造性地加工出"新产品"，也无法解决当前面临的新问题，更无法用创造力实现个人理想和价值。这就是决定创造力的第二个前提条件，也是最重要的，那就是概念与概念、知识与知识、经验与经验，要"联系得起来"。

要让这些概念和知识联系起来，需要大脑的"基础设施"建设得好，这个"基础设施"正是人的大脑里神经细胞和神经元之间的连接，连接程度越好，信息传递的速度越快，信息加工效率越高，信息传递时不受干扰，大脑的"基础设施"也就越好。简单来说，神经系统发育得好，大脑才具备迸发出创造力的"家底"。

而大脑"基础设施"的建设从胚胎时期就开始了，婴幼儿时期更是大脑"基础设施"建设的黄金时期。而"基础设施"要想建设得好，也是有条件的，即先天完整健康的大脑、稳定且温暖的家庭环境（特别是跟妈妈健康优质的依恋关系）以及丰富的身体运动。

先天完整健康的大脑要求婴儿在胚胎发育阶段，大脑结构完整，基本功能正常，没有遗传疾病，也没有受到外界环境的破坏，比如辐射、撞击等。当然，这还远远不够，稳定且温暖的家庭环境是孩子大脑发育的土壤，如果孩子早年遭受虐待或者成长环境不健康，比如忽视、抛弃、暴力、嫌弃等，都会给孩子幼小的心灵造成不可逆转的创伤，这些创伤会像仙人掌的根一样，深深扎进孩子的内心，时时刻刻在提醒他们："外面的世界不安全，你可能下一刻就会垮掉""你是个没有价值，不受欢迎的人""你是个不值得被爱的人"，等等。如果孩子从小就持有这样的信念系统，那么他的第一要务就是在恶劣的环境中"活下去"，让自己不要那么痛苦。这时候，孩子的生命就会收缩起来，像乌龟缩进壳里一样，在心灵外面建一层厚厚的外壳，保护自己不受伤害。而在这种情况下，人的创造力是发挥不出来的。

身体运动尤为重要，因为人类所有的学习，都始于身体运动，特别是对孩子来说，身体运动是大脑最好的启蒙老师。孩子从婴儿起，就要充分地运动，并且用自己身体去触碰这个世界，跟外面的环境交互。从手指抓握，到爬行、站立、行走、跳跃、拥抱，无论这种运动是有意的还是无意的，都会在孩子的大脑中搭建关键的神经通路。据估计，我们的大脑有将近2000亿个神经元，它们之中只有小部分与生俱来，这些"出厂设置"功能包括呼吸、血压、反射、消化等。余下的大部分神经细胞连接，都是后天搭建的，约占90%。而科学家们认为，这90%的神经细胞连接在我们5岁前就已经就位了，这些搭建起来的通路决定了一个孩子未来将如何思考和学习，会成为什么样的人，有什么样的兴趣和追求，以及对生活是什么态度。

脑学家通过对人类思维和记忆的持续研究发现，人们所记忆和思考的信息，就存放在神经元之间的交流方式中。而神经元之间的交流，是以光速遍及全脑的，哪怕只有一丁点儿的信息，都可以在一秒钟之内流经数以万计的神经细胞。这个过程就像你在社交媒体上发布了某个消息，比如我想去跑步，你所有的朋友都能在第一时间看到这条消息，其中几个人还把信息转发到了自己的账号上，并附加了评论，比如我喜欢在晚上跑步，而你朋友的朋友则会继续转发并附加自己的评论，比如我更喜欢在夏天跑步。就这样，信息传开了，以各自的传递方式造就不同的思维、情绪和行为。如果将神经元之间的联系方式都绘制出来，那将是一个堪比宇宙全景图般复杂的网络。

当然，这一切都源自孩子早期的运动和感官体验所建立起来的神经网络。大自然其实早就设定好了，如果想搭建并完善神经网络，就必须通过身体运动来完成。一个儿童的身体运动越多，大脑得到的刺激就越多，反过来，就需要更多的运动以获得更多的刺激。通过这种方式，大自然巧妙地诱导着孩子们在好奇心的驱使下，不断超越现在的自己，探索着新的事物，以获得新的能力。这就打开了孩子的心灵，扩大了心理疆界，为创造力制造了充分的释放条件。

决定创造力出现的第三个条件，就是我们大脑"认知抑制"与"认知抑制解除"这两种基本功能的平衡。什么是"认知抑制"呢？这其实是与注意力相关的一种大脑神经机制。清醒的时候，我们每时每刻都在接收外面的信息，比如你坐地铁的时候会看到至少上百张陌生人的面孔,但这些面孔你几乎一张都记不住,因为这些人对你的生活和工作来说并不重要。也就是说,绝大部分信息是无法进入我们意识层面的,只有少部分信息会存入我们的记忆,成为大脑信息加工的原材料。而这个时刻忽略和过滤信息的本能,就叫作"认知抑制",这是一种本能,不用学,每个人都能自动进行。

而"认知抑制解除"这项功能正好相反,是专门解除抑制的一种本能,能让我们专门注意到一些容易被忽略掉的信息,并从中发现一些东西。

美国专门研究艺术创造的心理学家科林·马丁代尔的研究发现,那些创造力高的人,能够在"认知抑制"和"认知抑制解除"这两种状态之间灵活转换。当大脑处于"认知抑制解除"的状态时,信息、知识和概念就会很容易在大脑皮层中激活,并扩散到整个神经网络,这样就会增加两个看起来完全不相关的知识或概念相互"联结"的概率,使个体获得新想法的概率大大增加。

而德国著名精神病学家汉斯·艾森克的研究发现,那些患有精神分裂症或精神疾病倾向很高的人,其创造性水平跟高创造力者非常相似。那么,创造力爆棚的"天才"和天马行空的"疯子",他们之间究竟差在哪里呢?

差别在于，高创造力者的认知抑制不仅能解除——让注意力发散出去，让大脑接受更多的信息，把事物的重要细节留在大脑中，成为自己灵感的来源，从而产生更多的想法，整合更多的表面上无关的概念，创造出新颖的产品——他们还能把注意力收回来，随时启动认知抑制。而"疯子"却不行，他们的注意力可以发散出去，也能产生各种奇奇怪怪的想法，但认知功能是僵化的，注意力无法收回来，各种奇特的想法会像决了堤的洪水一样，一发不可收。所以，虽然"疯子"新奇的想法也很多，但缺乏"认知抑制"和"认知抑制解除"之间的平衡，这会使得他们无法将想法进行深度加工和落地，根本分不清楚哪里是"现实世界"，哪里是"想象世界"，他们经常会把这两个世界混为一谈。

脑科学家们还专门针对顿悟发生时大脑的脑电情况进行研究。研究发现，当顿悟发生时，我们的大脑会产生特定的脑电状态，即"β波"减少，"α波"和"θ波"增多，并且出现了一种更高级的波，叫"γ波。在脑电波中，"β波"出现主要表示你的大脑前额叶皮层活跃，表明人正在进行理性思考，保持机警；"α波"会在睡梦或者白日梦中出现，这时的大脑活动更加平静；"α波"出现，则是灵感、直觉或点子发挥威力的状态；"θ波"属于"潜意识层面"的波，是创造力与灵感的来源；而

"γ波"则经常出现在深度冥想时刻。真正高创造力的人，能让这四种脑电波灵活切换。

什么样的人最具有创造力

那么，这些高创造力的人，具体长什么样呢？有怎样的性格特点呢？

第一种是人格"复杂"的人。实际上，科学家们通过研究诺贝尔奖获得者、发明家、企业家等诸多成功人士，发现他们身上有一个共同点，那就是惊人的适应能力，几乎能够适应任何环境，并且能够利用手边的任何资源来达成自己的目标。而要做到这一点，这些人的内心就要足够"复杂"。

什么叫"复杂"呢？就是说，这些富有创造力的人身上，可以同时存在两种或者多种相互矛盾的极端性格特点。比如，他们同时具有侵略性和合作性，既内向又外向，既传统又保守，既专注又超脱，既不按套路出牌又循规蹈矩，通常体力充沛但也有沉默不语的时候。并且，这些人会根据环境的需要，对自己的人格进行自由切换，非常灵活，以便更好地适应环境。他们人格的这种复杂性，就像一个从白到黑的光谱，有些人只有

"白"和"黑",而他们却有一条很长很长的彩色连续带。也就是说,这些人的人格,就像一个用特殊材料做成的碗,既结实耐用,不容易破碎,又能随意变换形状,无论变成杯子还是瓶子,对他们来说都很容易。

那你可能要问了,这样的人不会感觉分裂吗?当然不会,在著名心理学大师荣格看来,这些人的人格才是完整的,因为他们充分整合了矛盾。我们每个人的人格都具有两面性,你的人格如果表现出了一面,那就一定存在另一面,比如一个安分守己的人内心会渴望冲动一把,一个特别老实的人其实可能非常叛逆。我们有的时候只露出了一面,那是因为我们的人格不够"结实",只装得下一面,另一面被压抑了,这会极大抑制创造力的出现。

创造力有的时候就像生孩子,只有男女同时存在,孩子才能生出来。人格中只有同时装下矛盾的特点,才有可能诞生创造力。富有创造力的人恰恰都是融洽的多面体,他们不会压制性格中的某一方面。比如,一个富有创造力的女孩子,可能比男孩子更坚强,更具有雄性的控制感。

第二种是完成了"自我实现"的人。著名心理学家马斯洛通过研究发现,那些身上拥有源源不断的创造力的人,在某种程度上已经达到了"自我实现"的水平。所谓"自我实现"指的是:"人对于自我的发挥和自我完成的欲望,是一种使人的潜力得以实现的倾向。"用最通俗的话说就是,"我选择、我愿意、我热爱"。这些人将自己的潜能发挥到极致,让愿望得以实现,使自己成为越来越独特的人,成为所能成为的一切。这既是一种人生的终极目标,也是一种前行动力,而且,这些极富有创造力的人,都特别忠实于自己的本心,能尊重内心感受。也就是说,在这种需要的驱使下,人们的自由意志和创造力会得到充分的施展和满足,内心也会得到极大的升华,整个人会处于幸福和充实的状态下。

马斯洛认为,人生来就带着"基本需要",即生理需要、安全需要、归属与爱的需要、自尊需要、认知需要、审美需要和自我实现的需要。在外在环境的作用下,这些需要由低级到高级排列,前四种需要被称为"匮乏性需要",后三种被称为"成长性需要"。而长期在匮乏性环境中生活的人会形成一种"匮乏认知"(Deficiency Cognition),他们可能忍饥挨饿,可能生活在战乱地区,可能被父母抛弃,被家庭忽略,得不到爱,也可能居无定所。这样,匮乏性需要就会将这个人的内心全部占满。当"匮乏"成为主题时,人们所有的注意力都将集中在如何去满足自己的基本需要上，而没有太多的精力去关注创造。即使这种人很有创造力，他们创造的东西也是为了满足自己的"匮乏性需要"，比如为了挣钱，为了让别人看得起，为了得到父母的认同，为了得到更多的关注和爱。

而当一个人的"匮乏性需要"被充分满足后，他的"成长性需要"将会占主导，形成"存在认知"（Being Cognition），他更愿意去深入认识这个世界的本质和规律，去享受美的存在，追求生命的意义。处于这种状态的人，创造力是爆棚的，他们会因创造而感到充实和满足，因创造而体验到价值感。

第三种是"感性"与"理性"整合统一的人。不知道你有没有这样的体会——当你某一件事情做不好的时候，脑海里会响起自己的骂声："你这个笨蛋，小孩子都比你厉害。"你有没有想过，这是谁和谁在说话？说话的自己是谁，被骂的自己又是谁？

其实，每个人的内心都有两个"自我"，一个是下达指令的"自我"，一个是执行动作的"自我"。我们把前者称为自我1，后者称为自我2。"两个自我"这个说法是美国著名的网球教练，也是目前的运动心理学第一人摩西·加尔韦提出的，他最擅长的领域，就是通过改变运动员的心智模式，激发其潜能，从而提高运动员的竞技水准。

加尔韦发现，我们的精神世界分为感性和理性两种。感性代表你的本能反应，理性代表你的逻辑思考。就是这两种不同的精神内核，构成了我们形形色色的行为模式。其中，自我1是头脑和意识层面的自我，它的语言是文字和逻辑符号；自我2，就是身体和潜意识层面的自我，它的语言是图像。自我1是行为的主导者和发起者，更是观察者，会给你提出各种各样的意见，并想尽办法打击你的自信心。比如你不小心手滑打飞了一个球，它就会在你脑子里疯狂指责："你看，谁让你不好好训练，又打飞了吧？"有时候发球出线，它又说："刚才用力小点儿就成功了，完了，又落后一分，要输了。"

自我1的要求太严格，它会时刻提醒你哪些方面做得不够好，哪些方面不够优秀。在比赛中，这种自我评判很不合时宜，会在短时间内让你完全失去自信心，导致一些拿手的技术发挥不出来。而且，唤醒自我1非常容易，比如比赛中有一个现象，有些运动员不能夸——你跟一个运动员说，"刚才反手球打得不错"，然后你会神奇地发现，这一句话可能会让运动员发挥失常，因为他会下意识地把注意力全都集中在他的反手上。这时候，自我1就起作用了,让运动员在关注反手球的时候,注意力太过集中于实现技术动作,而不是本能反应,反应速度自然会降低很多,成功率自然也就降低了。这就是所谓的"越关注,越差劲"。

自我1和自我2的设定,其实是大脑的两种模式,一个是缓慢、刻意和深思熟虑的;另一个是快速、自动并且无意识的;我把这两套大脑运行系统称为"主动控制模式"和"自动驾驶模式"。

比如,一个人刚开始学开车的时候特别紧张,每个动作都小心翼翼,到了路口东张西望,打个方向盘还要数圈儿,这时候就是自我1在发挥作用。等你成了老司机,一切驾轻就熟,开车回家几乎都不用动脑筋了,此时的思维是高度自动化的,人们甚至意识不到它们的存在。这个阶段就是自我2在发挥作用。你甚至可以一边开车,一边听听音乐,看看沿途的风景。"自动驾驶模式"的特点是快,例如驾驶汽车遇到突发事件时猛踩刹车,这是个自动处理的动作,包含了反射、本能、直觉、冲动。"主动控制模式"会相对慢一些,它需要深思熟虑,调用经验、记忆、分析、理性。

为什么人类会形成两种不一样的系统呢?原因在于大脑的进化历史。人类的自动驾驶系统主要由大脑进化较早的部分支配,包括小脑、杏仁核和基底神经节这些部位。而主动控制系统的工作则在前额叶皮层运行。这两个系统各有优劣，但大部分时候，我们都是靠自动驾驶系统运行的。而且，主管"主动控制系统"的大脑前额叶皮层太年轻了。要知道，前额叶皮层是人类独有的，它非常薄，很容易超负荷，指望它来做更多深思熟虑的决策，让我们少干拍脑袋的蠢事，其实不太可能。

而那些高创造力的人自我 1 与自我 2 的关系比较和谐，而且自我 2 更加活跃。当他们进行创作时，自我 1 甚至会让位于自我 2，让自我 2 尽情驰骋。正如莫扎特所说："我真的从不曾追求创意，音乐不是由我而来，音乐是透过我而来。"莫扎特在作曲时，并不会用自我 1 去思考、计划和深思熟虑，而是会找感觉，凭借直觉用自我 2 直接把曲子写出来，可谓一气呵成。

然而，我们绝大多数人的自我 1 是相当严苛的，每当进行某项创造性活动时，它们就会跳出来捣乱，批评我们、贬低我们、打压我们，如果我们做得不好，自我 1 还会让我们体验到懊悔和内疚，直接让我们失去继续创造的勇气。那为什么有些人能够做到自我 1 和自我 2 的和谐相处，而许多人却做不到呢？为什么我们的内心中总会存在一个"内在的批评者"，总会发出对我们评判和批评的声音呢？

10

"俄狄浦斯"的诅咒：
如何克服"成功"恐惧症，
唤醒你的创造力

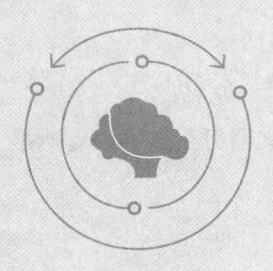

"俄狄浦斯"的诅咒

心理学大师弗洛伊德提出过一个非常重要的概念——俄狄浦斯情结，可以说我们大部分人的心理发展水平，都被困在这个"诅咒"之中，它会阻碍我们发挥创造力、活出真实的自己，阻碍我们走向卓越与成功。

在了解"俄狄浦斯情结"之前，我们先聊一聊"俄狄浦斯"的故事。文艺作品中"杀父娶母"这种极度挑战人类伦理的桥段，正来源于此。

古希腊有一个国家叫忒拜，国王名叫拉伊俄斯，他年轻时曾劫走邻国科林斯国王的儿子，还造成这个孩子的死亡。于是，有人就诅咒他"将被自己的儿子杀死"。后来，拉伊俄斯跟妻子结婚之后，果然生下了一个男婴，而阿波罗神谕再次预言他"将被

10 "俄狄浦斯"的诅咒：
如何克服"成功"恐惧症，唤醒你的创造力

自己的儿子杀死"，这让拉伊俄斯恐慌不已。因为过度害怕，他一不做二不休，用钉子刺穿了婴儿的左右脚跟，并吩咐王后把婴儿丢到山上等死。

王后按照拉伊俄斯的指示，把婴儿交给在山上放羊的牧人。当牧人看见幼小的婴儿时，顿时心生怜悯，打算放过他，并给他取名"俄狄浦斯"。由于自己没有能力抚养这个孩子，这位牧羊人就把婴儿转送给了邻国科林斯的另一个牧羊人。而这个牧羊人得知自己国家的国王波吕波斯正好膝下无子，俄狄浦斯又是个健康漂亮的男孩，于是就把他献给了国王。国王波吕波斯见到俄狄浦斯后甚是喜欢，当即决定收养他。于是，俄狄浦斯在对自己身世毫不知情的情况下，在科林斯王宫里长大成人。

一次偶然的机会，在一次宴会上，一位客人喝醉了，一不小心透露出俄狄浦斯不是国王波吕波斯的亲生儿子的消息，这让俄狄浦斯非常震惊。于是，俄狄浦斯去问国王和王后，也就是他的养父母。而国王和王后拒不承认，痛骂了醉汉，还安慰了俄狄浦斯，让他不要相信醉汉的胡说八道。但俄狄浦斯还是不放心，就去神庙求问阿波罗。而神谕并没有说他的亲生父母是谁，却给了他另一个惊悚的答案："你将会杀父娶母。"

这把俄狄浦斯给吓到了，这种丧尽天良的事情，他怎么干得出来呢？为了躲避阿波罗的神谕，俄狄浦斯决定有生之年再也不回科林斯了。但去哪里生活呢？他漫无目的地一直向东方走去，走到一个三岔路口时，迎面走来了一行人，领路的人和坐在车上的一位老人态度粗暴，要把他赶到路边，从小在王宫中养尊处优的俄狄浦斯很生气，便跟他们打了起来。谁知一不小心，俄狄浦斯将棍子打中了老人的头部，老人从车上仰面滚下来摔死了。

当时，忒拜国正被"狮身人面怪"斯芬克斯侵扰，凭借聪明才智，俄狄浦斯破解了谜题，祸害没了，俄狄浦斯算是为忒拜立下了大功，正好又赶上了当时的国王拉伊俄斯死亡，人们就拥戴俄狄浦斯为新王。由于老国王的王后还健在，并且尚能生育，按照当地习俗，俄狄浦斯必须娶老国王的王后为妻。就这样，俄狄浦斯在浑然不知的情况下娶了自己的母亲，还生下了两儿两女，过着幸福美满的生活。

直到十多年后，一场瘟疫突然席卷了忒拜国，城邦的民众遭受着瘟疫的肆虐，生灵涂炭。作为国王的俄狄浦斯深感责任重大，于是向神灵求助，希望能找到解救国家的方法。而神灵却告诉俄狄浦斯，他必须要找到杀死国王拉伊俄斯的真凶，只有揪出这个

10 "俄狄浦斯"的诅咒：
如何克服"成功"恐惧症，唤醒你的创造力

凶手，瘟疫才能结束。俄狄浦斯毫不犹豫地接受了这个任务，决心要找出凶手，拯救忒拜。

就在寻找杀死拉伊俄斯凶手的过程中，一位报信人向俄狄浦斯透露说：科林斯国王波吕波斯并非俄狄浦斯的亲生父亲，而是养父。原来，这位报信人就是当初将俄狄浦斯送给波吕波斯抚养的牧人。王后听闻此事，心中已然明白了真相，她恳求俄狄浦斯不要再追查那个牧人。但俄狄浦斯铁了心要追查到底。

在俄狄浦斯的步步紧逼之下，牧人最终道出了事实：他曾救下了一个被遗弃在野外的婴儿，正是拉伊俄斯家的儿子；而最残酷的真相是，俄狄浦斯之前在路上杀死的那个老人，正是他的生父拉伊俄斯，他自己就是凶手。当时拉伊俄斯外出的目的，就是想去阿波罗神庙问问，他抛弃的那个婴儿死了没有，因为神谕说他会突然被自己的儿子杀死。如此一来，俄狄浦斯迎娶的王后便是他的母亲。俄狄浦斯陷入了绝望，他无法面对这个恐怖的现实。

悲痛欲绝的王后选择用上吊的方式结束自己的生命，因为她无法面对这场巨大的悲剧。而俄狄浦斯则从王后的袍子上摘下了两枚金别针，用力刺瞎了自己的双眼。他的内心充满了自责，也许失去视力，能让他在一定程度上逃离这个现实的折磨。

211

俄狄浦斯下令打开宫门，让全体忒拜人民看他最后一眼，随后他宣布将自己永久地逐出这个国家。在侍从的陪同下，俄狄浦斯哀哭着走出宫门，他不再是国王，只是一个沉浸在悲痛中的男人，众人都为他的命运流下了悲伤的泪水。

故事讲完了。借用俄狄浦斯的悲剧故事，心理学家弗洛伊德提出了"俄狄浦斯情结"的概念。他认为，在儿童的心理发展过程中，存在着一种对异性父母的特殊感情，比如在男孩子身上，会表现为对母亲依恋的不舍，和对父亲权威的恐惧、排斥与权力的竞争。这种情感是人类心理发展的重要阶段，不仅是形成人格的关键因素，也是孩子未来走向成熟的必过关卡。如果孩子过不了这一关，就会形成"俄狄浦斯冲突"。而"俄狄浦斯冲突"最常见的表现就是一到关键时刻，比如重要考试、重要面试、重要项目、见重要客人，总是会"掉链子"。

说白了，就是你的意识层面虽然向往成功，想追求卓越，并且有强烈的动机去实现目标，但潜意识层面却是反的——不想成功，甚至恐惧成功。因此，你的潜意识就会莫名其妙给你添乱，把成功的希望给浇灭，只不过这一过程是在潜意识中发生的，你意识不到。

10 "俄狄浦斯"的诅咒：
如何克服"成功"恐惧症，唤醒你的创造力

"俄狄浦斯"这个名字的意思是"肿胀的脚"，因为生父在抛弃他之前，曾用铁丝穿过他双脚的肌腱，把它们捆在了一起，不想让俄狄浦斯远走高飞。这极具有象征意义，因为太多有"俄狄浦斯冲突"的人，就是不敢让自己离父母太远，远走高飞。

成功恐惧症，让创造力就此沉睡

由"俄狄浦斯冲突"还可以延伸出一种现象——成功恐惧症。

我们都知道，创造力与成功和卓越直接相关。如果一个人拥有创造力，那就意味着他在很大程度上已经具备创造属于自己生活的能力，这也意味着独立，意味着超越父母，远走高飞，离开原生家庭。然而，有"俄狄浦斯冲突"的人无法做到这一点。我曾经见过一位职业女性，她是一位广告从业者。凭着才华和独特的视角，做了不少大项目，曾与许多世界500强企业合作。她参与策划的广告，总是能够引起许多人的共鸣，给客户带来超预期的收获，这也为她赢得了许多赞誉。

然而，每过一段时间，这位女性就会规律性地陷入创意枯竭的困境，无法再创作出令人耳目一新的作品，好创意好像不翼而飞了，感觉大脑被卡住了似的，这让她痛苦不堪。为了摆脱这个困境，她向我寻求帮助。

深入了解之后，我发现这位女性有比较典型的"成功恐惧症"，而且每当事业有起色时，她的创意就会莫名其妙地枯竭。当年参加高考时也是这样，明明学习成绩一直都挺好，但不知道为什么，高考的时候没发挥好，本来能考上985、211名校，但最后只是刚刚过了一本线。大学毕业后，她也经历过多项工作，而每当工作做得风生水起的时候，她总是莫名其妙地生病，或者突然把腿摔坏。而创意枯竭、脑子里想不出新点子，则是家常便饭。

之后，我们聊到了她的家庭。她的父亲是当地的领导干部，不仅在单位里是权威，在家中更是权威，不仅对她严厉教育，而且还经常体罚。而她的母亲也对丈夫充满恐惧，从不敢有任何异议。每次她挨完打，母亲就会在旁边不停地劝说她："你爸爸都是为了你好；你爸爸说的都是对的，你得听他的话。"在这种家庭氛围下，她逐渐形成了对权威的恐惧，只要父亲一出现，她就像老鼠见到猫一样，吓得不行。

有一次，她在小学的作文比赛中获得了三等奖，回到家后，她满怀期待地把奖状交给了父亲。然而，父亲并没有表现出任何

10 "俄狄浦斯"的诅咒：
如何克服"成功"恐惧症，唤醒你的创造力

喜悦，反而严厉地质问她："为什么不是一等奖？你爸爸我的文章可是经常被省里表扬的，你为什么就不能像我一样呢？写篇作文得个奖就那么难吗？你是不是我的女儿啊？"那一刻，她感到了极为强烈的失望和恐惧，她意识到，即使付出了努力，也无法满足父亲的期望。

她回忆说，这么多年，她都活在父亲的阴影中，一直活得很累，始终想在父亲面前证明自己能配得上做他的女儿。而且，每次提起父亲时，她都恨得咬牙切齿，眼泪止不住地哗哗往下流。而如果真的让她直面父亲，她却立刻软下来，感觉自己像被抽干了一样。

这种童年时期的恐惧逐渐演变成了对成功的恐惧，她害怕自己的成功会引起父亲的不满，这让她陷入巨大的压力中。这一切都潜移默化地影响着她的内心世界，让她在成年后的生活中，不断重现着童年时期的恐惧和挣扎。

其实，我们通常有一个误解，认为一个男孩在成年之后还跟妈妈的关系很好，坐飞机抵达目的地之后第一个跟妈妈报平安，每天都打电话给妈妈；或者一个女孩在成年之后，甚至自己有了孩子之后，还和爸爸拥抱、亲吻爸爸的脸，就叫"恋父/恋母情结"，

是"俄狄浦斯冲突"。其实并不是，案例中这位女性所展示出来的，才是真正的"俄狄浦斯冲突"，虽然她在意识层面一提到父亲就恨得咬牙切齿，但潜意识层面却是跟父亲有不可分离的爱。

我们在现实世界中建立和经历的所有关系都来自原生家庭，是我们与父母之间关系的再现和重演。因此，这个世界上最重要的关系，就是我们与爸爸妈妈之间的关系。而"俄狄浦斯冲突"，就是我们在原生家庭中，与父母之间的三角关系出现了问题。这种有问题的关系具体会表现为两种：

第一种是跟妈妈的关系太近，甚至失去了边界，完全被妈妈所谓的"爱"给吞没了。如果一位妈妈自己的人格就没有独立，跟她的原生家庭存在一堆问题，那么她在跟孩子打交道的过程中，也无法根据孩子的成长来调整关系距离，多数情况是关系太近，慢慢让孩子活成"妈宝男""妈宝女"，而"妈宝男"和"妈宝女"，最大的特点就是没有独立意志，凡事都听妈妈的。如果独立，那就意味着强行"撕开"与妈妈的关系，意味着自己"抛弃"了妈妈，这会给孩子内心造成巨大的压力和内疚感。想想看，这样的人，他怎么可能拥有创造力呢？

第二种是跟爸爸的关系太远，甚至失去了情感连接。爸爸在

10 "俄狄浦斯"的诅咒：
如何克服"成功"恐惧症，唤醒你的创造力

心中成了最熟悉的"陌生人"，甚至"仇人"。一些家庭经常会出现这样两种情况：一种是有一位"焦虑的妈妈"和一位"缺失的爸爸"，爸爸总是以工作忙为由，缺少对孩子的陪伴，孩子就像没有爸爸一样；还有一种，就是所谓的"严父慈母"，爸爸总是特别严肃。其实，爸爸过于严厉很可能是人格僵化、心理发展不健全的表现，他没有办法在跟孩子相处的过程中灵活应对，只能板着脸，总是高高在上，用"我是你爸"这种不平等的关系与孩子相处。如果长期这样，孩子看见爸爸就会感到紧张焦虑，甚至是恐惧。而孩子的内心中，就会积累大量对爸爸"爱与恨"的混合物，这种混合物是一种浓得化不开的东西，如果长期压抑在心中无法表达，会对孩子今后的人生造成深远的影响。长此以往，孩子就不敢独立，不敢成功，因为不敢忤逆父亲，一旦超越了父亲，可能就会遭受惩罚。

我非常喜欢这样两句话："伟大往往从冒犯开始""创新就意味着背叛"。其实，创新在心理象征层面就是意味着你可以独立了，可以离开母亲，背叛父亲。但生活中绝大多数人，在心理层面是不敢这样的，像上面故事中"杀父娶母"，意味着对父亲"绝对的背叛"，不仅剥夺了父亲的生命，还抢走了父亲的女人，这可是要受被戳瞎双眼的惩罚的。从这个逻辑来看，创造新事物

意味着成功，也就意味着背叛了父亲；如果背叛了父亲，那就意味着会遭到严厉的惩罚。从这个意义上来说，失败便成了一种赎罪行为。而这个"罪"，就是在这个人潜意识深处的"杀父娶母"。

有些人很有创造力，工作上也很努力，但却总是在关键时刻不让自己成功。这种结果可能就是他潜意识故意造成的，想借此抵消俄狄浦斯式的诅咒，相当于"戳瞎眼睛"赎罪。但可悲的是，有的人可能在用一辈子的失败来赎罪，用让自己成为一个没有创造力的平庸之辈的方式，让自己不被惩罚。其实，这种失败不失为一种人生智慧，因为既然生在这样的家庭，遇到了这样的父母，不被允许做自己，那自己就用"自废武功"的方式，让自己不停地失败，让自己成为一个平庸的人，甚至是成为"废人"，这样自己就安全了，就不会被惩罚，而且表面上看起来自己也很努力，但就是运气不佳，父母也不要怪自己。你看，这个理由多么完美。

唤醒内在创造力的策略

实际上，创造力从来都不是培养出来的，而是要被唤醒的。那为什么我们许多人身上的创造力在沉睡呢？那是因为条件不允许，创造力只能冬眠。我非常喜欢电影《超体》中的一段话：

10 "俄狄浦斯"的诅咒：
如何克服"成功"恐惧症，唤醒你的创造力

如果生存环境不适合繁殖，那么生命就会选择永生。也就是实行自行供给和自主管理。如果生存环境适宜，细胞就会选择繁殖，通过各种方式在死亡之前将必要的信息和知识传递给下一代。由此，知识和经验便经由时间传递了下来。而创造力只能发生在环境适宜的条件下，想想看，繁殖本身，不就是在"创造"新生命吗？这可是最大的创造力了。

那么，我们如何才能唤醒内在的创造力呢？下面有五个策略供大家参考。

策略一：让"两个自我"学会信任彼此

我们在前面章节中谈到了自我 1 与自我 2 之间的关系，处理好二者的关系，就能把技术、知识转化成有效的行动。虽然自我 2 包含了所有的潜意识和身体潜能，但却没有目标感和方向感，也不知道如何把握节奏和规划下一步方案。所以，我们需要让自我 1 和自我 2 相互信任，彼此融合，这样才能真正激发出你的能力。这种策略，也是我们驾驭大脑的"混合模式"。

林丹大家都很熟悉，他是羽毛球界的天才人物，无论国际比赛还是国内比赛，能拿的冠军他全都拿了，而且连着拿了两轮全满贯，这是一个极其厉害的成就。放眼羽毛球比赛的历史，从来

不要挑战人性 ❷

没人能有他这样的实力。

但你可能不知道，林丹在赛场上虽然潇洒自如，打球行云流水，但在日常训练时极为理性自律，对待训练刻苦认真。他每天不仅要进行专项的羽毛球训练，还要在健身房进行腿部训练、有氧训练以及爆发力锻炼，运动量非常大。而且，专项的羽毛球训练，比如手肘的夹角角度、起跳的姿势、挥拍的角度等都是每天的必修课，每个动作做到什么程度，都有精确的量化指标。

你可能会觉得奇怪，他是怎么做到在赛场上那么激情四射，赛场外又变得如此理性十足的？好像身上装了个开关似的。没错，这就是强者身上特别重要的一个特征：能在激情和理性之间自由切换。

在比赛场上，林丹在尽情释放自我 2 的能量，而到了赛后复盘的时候，他马上能切换到自我 1，自我审视，主动改善，根据对手和自己的实际表现，制定下一步的训练策略，进行专项训练。这种训练其实是刻意练习，也是自我 1 主导下的训练，为的就是让他在比赛中能够自动找到在各种情况下击球的感觉。

所以，高手把一件事做好的秘密就是：最开始交由"主动控制系统"来管理、训练，达到一定的熟练程度，就由"自动驾驶系统"来接管。然而，我们许多人之所以很难做到切换自如，一个很重要的原因就是自我 1 的存在感实在太强，经常努力过头，导致自我 1 常常不信任自我 2，而自己对于自我 2 又总是非常苛刻。

这是因为，许多人从小到大总是被父母和老师质疑，他们不断地告诉你要谦虚谨慎，要小心，要看到自己的不足。所以，这个自我 1 从小就会挑毛病，挑剔自我 2。而一旦某件事情做不好，你就会将自我批判不断地放大。这也是为什么我们许多人碰到小小的失败，就会认为自己整个人生都完了，觉得自己是个失败者。

只有自我 1 正确认识自我 2 的能力，不完全无视，也不过于夸大，它们之间才可能产生真正的信任。从某种意义上来说，自我 1 和自我 2 的关系可以类比为父母和孩子之间的关系。有些父母会觉得很难教会孩子做一件事，因为他们相信自己更了解事情应该怎么做。而另一些父母对孩子充满了信任和爱，会顺其自然地让孩子按自己的方式去做，即使犯了些错误也没关系，因为他们相信孩子从错误中也能有所收获。

策略二：全然放松地专注

运动心理学先驱蒂莫西·加尔韦曾说：抛开一切想法，不去感受你意识的变化。实际上，这就是抛掉自我1，不去批评自己不好的行为和表现，也不表扬自己。在这种状态下，指挥你行为的是自我2，也就是你的潜意识。换句话说，超常发挥，就是潜意识里的自我2和抛弃了自我1的"真我"直接相遇，并合而为一的一种表现，这也是进入"心流"状态的一种表现。

这样的境界，我们可能不太容易体验到。因为人们往往会陷入一个心理陷阱，以为自我1就是真正的"我"；而实际上，自我2也是"我"不可分割的一部分。一旦陷入这样的心理陷阱，我们就会陷入"对和错"的判断里，变得紧张。加尔韦给出的解决方案非常简单，就是让球员放下对错的评判，去信任身体，将注意力专注在运动本身，让身体自由发挥就好。

有一个很好的办法，就是专注于呼吸。因为呼吸这件事情是最有韵律的，如果能够把注意力集中在呼吸上，就很容易把自我1控制住，然后让自我2放手去拼，拿出最好的状态。

篮球巨星迈克尔·乔丹的教练就说过，如果想在球场上表现突出，你需要保持大脑清醒，全神贯注在赛场上，行动秘诀就是不要思考。但这不是说让你变得笨拙、迟钝，而是让无穷无尽的复杂念头停下来。这样，你的身体才能本能地做出训练中学会的动作。如果我们完全沉浸在这样的时刻中，就能与正在做的事情融为一体，这就是身心合一。

策略三：学会休息、等待

脑科学和认知心理学研究发现，创造力出现之前，人的大脑都会有一个酝酿期。这期间，大脑其实一直在工作，甚至睡觉时也在工作，这是一种待机工作模式，十分隐秘，就像开久了的空调，人们已经意识不到它的存在了。当酝酿好之后，就会以"顿悟"的形式出现。这种没有意识参与的思维活动其实也没有什么方向，每个思维线索都是随机组合，是最简单的心理联系。而这种随意的组合有一个好处，因为一些看似不相干的组合有可能达成最优的思维连接，碰撞出人们想要的答案，这就是创造力。

举一个计算机的例子。老式计算机是一个单线系统，遇到复杂的数学问题必须按照顺序一个一个处理，一次走一步。而先进的计算机是平行系统，能将一个问题分解为若干步骤，同时进行各个步骤的计算，然后，这些计算重新组合成答案。而大脑中的酝酿期也会发生类似平行加工的过程，当我们有意识地思考问题时，大脑是单线思维，之前的思维训练会把我们的想法推向熟悉的路线，因为这是可预测的。但潜意识不是理性发挥作用的地方，这里的想法不受束缚，可以逃过理性的监督，在平行的多个方向上随意组合，正是这种平行加工的自由，让新的思维组合能够建立起来，新观点也就出现了。

就像发现苯分子结构的凯库勒，如果他醒着，用意识去思考，很可能会排斥这种思路，因为把头尾相连的蛇跟分子形状联系在一起听上去很可笑。而在睡梦中，是潜意识在运行，潜意识中没有理性对思维的"奇葩"联系进行审查，而凯库勒醒来后，也没有放过这个偶然蹦出的想法。

凯库勒的过人之处，就在于他能从梦境所给出的"奇葩"结论中，看见潜意识的启迪，就是那条头尾相连的蛇到底在隐喻什么，这种隐喻又跟自己的现实工作和生活有着怎样的关系。说白了，就是看懂梦的意义。要知道，我们的潜意识是最了解自己的，只是它们总是用那种晦涩难懂的方式来给你答案。比如，我有个朋友曾经给我讲过这样一个梦，在梦中，他正身处一个荒僻偏远的小镇，下着很大的雨，没有回去的巴士，也没有车可以搭乘和求助，也没有人帮他。于是他就自己顺着公路走，走着走着，公路突然改道了，眼前出现了自己家的房子，他居然回家了。

后来，我们深入探讨了这个梦的隐喻。实际上，这个梦已经把我这位朋友的处境回答得一清二楚。正好这段时间,他在事业上遇到了很大的困难,身边看似有很多资源、许多朋友,但没有人能帮得了他,他感觉自己非常弱小、无助、害怕,感到无比的孤独。那么,现在该怎么办呢?是放弃坐在原地不动,还是沿着看似无尽的路前行?而梦给了他答案,那就是这条看似无尽的路只是幻象,而公路正好象征着"人生大路",而不是小路,隐喻着只要走在大路上,坚持下去,不要偏离,不知道哪一时刻,你就能到家了。也就是说,潜意识在启示我这位朋友,让他放弃所有幻想,相信自己,走自己的路,不要想着"搭便车、抄近路",而坚持,最终一定会走到目的地。

你看,这就是潜意识中所蕴含的智慧与创造力。

大多数人认为,那些卓越的创造者都是极其勤奋、一分钟都不会浪费的人,就像鲁迅先生说的,恨不得把别人喝咖啡的时间都用来工作。但事实恰恰相反,成天坐在那里想,好点子并不会出现。好点子其实经常是在运动、洗澡或者做其他什么事的时候想出来的。斯坦福大学的研究团队就发现,散步可以增加创造力,比起坐着,人在散步时的创造力可以上升60%。而且,就算散步结束了,这种创造力的提升也可以维持一段时间。有时候,那些富有创造力的人总是看上去游手好闲、无所事事,有时候他们会故意停下工作，出去散步和慢跑，但就是这段时间释放了他们最多的创造力，让他们有机会透透气，从自己的研究中走出来想点别的。所以，如果你从事的是创造性的工作，与其坐在那里冥思苦想，不如起来走一走、散散步。

日本著名作家、诺贝尔文学奖热门人选村上春树，就经常通过运动来获得写作灵感。在写作时，村上春树会每天凌晨 4 点起床，一直写作到上午 10 点。在午饭过后，他会去跑 10 公里，接着游泳，每天遵循这样的规律，直到一本书写完，我们耳熟能详的那些大作，就是他这样创作出来的。再如苹果公司已故的创始人史蒂夫·乔布斯，曾要求员工散步开会，他认为这样的会比在会议室坐着更有效率。

实际上，空闲时光能让问题在一段时间里隐藏在潜意识中，也能让理性退居幕后，给你的思维以探索的时间。现在我们明白了，创造力必须是一个极度浪费时间的过程，所以，总是处在忙碌中的人通常是没有创造力的，这也是莎士比亚坚持在写不同的剧本之间空闲一段时间的原因。

另外，研究表明，人们在运动时，大脑更有可能迸发出创造力。这又是为什么呢？这是因为，运动时我们的大脑会把当前面临的诸如工作难题、学习困难等强行"下架"到大脑的后台。而这个"下架"行为的推手，正是你的注意力。当运动将注意力从工作转移到你的身体时，你所关注的问题将会被推到后台，并进入潜意识。而在潜意识中，各种乱七八糟的联系将会随机生成，创造力也就出现了。

海马体是掌控情绪和学习记忆的一个重要脑区，而运动可以让大脑海马体区域的供血量显著增加，让血液循环更加顺畅，让无序的知识有序地"融会贯通"。长期运动还会提升大脑神经递质的水平，如血清素、多巴胺和去甲肾上腺素。这三种神经递质都跟认知功能密切相关，能通过调节情绪来提高创造力。

策略四："从俄狄浦斯冲突"中突围

这条策略不仅是最关键的，也是最难实现的，因为靠我们个人的意志，是无法真正做到从"俄狄浦斯冲突"中成功突围的。而且，你也无法依靠个人去真正改变你的父母。

因此，要想成功突围，就需要借助"关系"。这种关系必须足够亲密，并且足够重要。对方可以是你的爱人、你的老师，也可以是你的朋友。当然，还可以是专业的心理咨询师，他们能够再现当年你与原生家庭的冲突，用当下他和你的关系，去"置换"

你心中原有的关系模式，将你带离原生家庭关系的泥潭。

但无论哪一种关系，都有一个必要条件，那就是充分且无条件的共情。

就拿心理咨询师来说，共情是这份职业中最重要，也是关键的技能之一。人本主义心理治疗大师卡尔·罗杰斯曾这样理解"共情"："咨询师能够正确地了解当事人内在的主观世界，并能将有意义的信息传达给当事人，明了或察觉到当事人蕴含着具有个人意义的世界，就好像自己的世界一样，但是没有丧失'好像'的本质。"

罗杰斯理解的共情包含了三层意思：一是咨询师会放下自己的"参照系"，设身处地以来访者为"参照系"，去体会来访者的内心感受；二是咨询师会全然地看见来访者，把自己对来访者内心的看见、体验与理解，用来访者能够看见、体验和理解的方式准确反馈出来；三是咨询师会引导来访者对自己的感受进一步地"深刻看见"，从而促进其对内在心灵进行整合，也就是重构关系的过程。

在这个过程中，你会感受足够的"一对一"共情，体验到真正的爱。并且专业的心理咨询师会允许你自由且无惩罚地"赢"，

10 "俄狄浦斯"的诅咒：
如何克服"成功"恐惧症，唤醒你的创造力

你的所有情感表达，在这里都是被允许的。很多人困于"俄狄浦斯冲突"，在成功时会感受到内疚，甚至会觉得被惩罚，正是因为他们在成长的过程中，被允许自由地赢的体验太少。长大以后，就总会困在这种"不被允许"的关系中，每次都会以一个"失败者"的身份离场。

所以，要达到这样的体验，就需要一些"允许赢"的体验来修正。当咨询师作为一个很好的理想化客体，给予充分的支持和镜映时，你就获得了很好的感受，从担心自己不好、不行，觉得自己是一个失败者的状态里重新挺直脊梁骨，感知到自己健康的自信和自尊。

当然，除了要体验赢，我们还要感受到赢的时候的自由。换句话说，你要真正体验到自己不会因为赢而受到惩罚。这种体验会发生在你与咨询师的关系中，并且你会在关系中逐渐去领悟，比如可以问问自己：我曾有过怎样的需求，受到过怎样的惩罚？这份惩罚，是基于怎样的需求？是因为惩罚者自身，还是其他？这些梳理和澄清，都有助于我们从"俄狄浦斯冲突"的困境中突围。

如果你现在已经为人父母，那么我还有三点建议给你：

如果你是一位妈妈，那你要随时做好孩子抛弃你的准备，在合适的时刻跟孩子分离。著名心理治疗师曾奇峰老师说过：成功，就是放弃母亲。一位心理健康的妈妈，实际上是能够忍受被孩子抛弃的妈妈。妈妈对孩子的注意力里包含着很复杂的东西，这当中既有爱，也有恨。而我们却总是强化和突出自己对孩子的爱，而故意压抑自己对孩子的恨。实际上，一位"好妈妈"、健康的妈妈能够意识到对孩子的恨。如果感觉到的只有对孩子的爱，觉得自己做什么都是在爱孩子，这样的妈妈非常危险，不仅会给孩子制造"俄狄浦斯冲突"，甚至可能给孩子制造人格障碍和精神分裂症。中国有一句话：失败是成功之母。了解了一个人的"俄狄浦斯冲突"之后，我们可以稍微改一下这句话：失败，是放弃母亲。

心理健康的妈妈，会给孩子无条件的爱，这种爱可以承载着孩子任何的攻击，包括孩子离开自己。现在社会上有很多"妈宝男""妈宝女"，什么事情都要找妈妈，自己没有独立意志，没有思想，一切靠妈妈。如果仔细观察这些家庭，你会看见所谓的"妈宝男""妈宝女"，其实是妈妈们自己制造出来的，因为她们过分地爱孩子，用自己所谓的"爱"，制造出了一个无能的孩子。而这些"妈宝男"和"妈宝女"，其实是精神上的"婴儿"，患了一种"精神残疾"。可以这样理解，这些妈妈用自私的爱，

10 "俄狄浦斯"的诅咒：
如何克服"成功"恐惧症，唤醒你的创造力

"打断了孩子精神上的腿"，逼着孩子"瘫痪在床"。这样，这些妈妈就可以让孩子一辈子都需要自己，孩子一辈子也就离不开自己了。而这些妈妈这样做的原因，是因为在她们的内心深处无法忍受分离，忍受不了自己所爱的人有独立的意志，忍受不了自己所爱的人不听自己的话。因此，心理健康的妈妈，要时刻准备着跟孩子分离，给孩子独立的空间，让孩子自由发展，成为真正独立的个体。

如果你是一位爸爸，那么请你在跟孩子相处时做到轻松和幽默，不要那么严肃，更不要总是去摆"我是你老子"的架子。想想看，一个在孩子面前都不放松的父亲，孩子的人格成长肯定存在问题。一位心理健康的父亲，首先应该是能在孩子面前快乐的父亲，而一位严肃的父亲，则会给孩子制造"俄狄浦斯冲突"。当父亲轻松又幽默，整个家庭都会对孩子的态度是温和的，那么孩子的潜意识里面就会感觉到，原来他对妈妈的完全占有是幻想，也没有那么罪恶，所以也不必通过"杀死爸爸来获得妈妈"。也就是说，孩子所谓的"背叛"应是被允许和被接纳的，这样孩子就有足够的勇气走向外面的世界，去创造属于他的未来。

此外，就是少给孩子"立规矩"。当然，这里不是说立规矩不对，而是在给孩子立规矩之前，先想一想为什么自己要立这条规矩，

不要挑战人性 ❷

这条规矩到底是谁的规矩，是你亲身经历的经验总结，还是当年你的父母和其他权威硬塞到你大脑里，现在你又刻板地硬塞给你的孩子。要知道，你给孩子脑袋里树的条条框框越多，孩子就越会像住在牢笼里，大脑里全是各种各样的评价声音和各式各样的规矩。这样的孩子会谨慎小心，做事畏首畏尾，生怕自己犯错误，哪儿还会有什么创造力？

要知道，创造力的本质，就是去做你自己。希望我们每个人，都能真正地去做自己，唤醒本来就属于自己的创造力。

11

孤儿院与恒河猴：
情感联结是孩子成长发展的前提

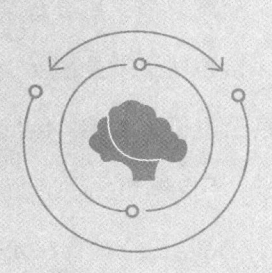

我曾经见过这样一位单亲母亲，她有一个儿子，当时正在读初三，平时不仅不学习，而且经常与不良青年混在一起，甚至出现过打架斗殴和偷窃行为，曾被警察逮捕过。这位母亲非常着急，几乎每天都要苦口婆心地劝说孩子，让他好好学习，希望他能考上高中，不要天天跟不良少年混在一起，让她省点心。然而，她的儿子不但不听，还对母亲充满怨恨，只要母亲说他，两人说上一两句话就开始大吵大闹，接着儿子就会愤然离开。有时候争吵激烈，儿子还会砸东西，甚至跟母亲动手。因此，这位母亲经常以泪洗面，觉得自己命不好，不仅婚姻生活不顺利，工作受影响，唯一的希望——儿子还这样对待自己，她实在太委屈了。

　　看到这里，你感觉如何，有没有开始同情这位母亲呢？是的，这位母亲将她的"悲惨遭遇"告诉给了她身边的每一个人，家里的亲戚和身边的朋友全都同情她，认为孩子实在"太坏了"，是

11 孤儿院与恒河猴：
情感联结是孩子成长发展的前提

个"混账"。然而，事情真的这么简单吗？在跟这位母亲的交流中，我能够深刻感受到，她无时无刻不在"卖惨"，好像希望全世界都知道她有多么不幸，她觉得这个世界就是"欠她的"。

那么，她为什么要"卖惨"呢？其实，她是为了占领"道德制高点"，让全天下的人都知道她是对的，她多么不容易，过得有多惨。只有这样，孩子才能无条件地听她的话，她才能完全控制儿子。实际上，她想跟我聊，想找我帮忙的目的非常明确，就是希望让我出面，帮她传递这样的信息："儿子，你看专家都说了是你的问题，你还能不听我的吗？"也就是说，她想把我当成工具，帮助她实现"控制儿子"的目标。当我试图把谈话从孩子的问题引到她自己的问题上时，她就会非常抗拒，并且很执着地再次把话题扯回儿子身上，因为在她心里，她其实并不打算真正改变，去面对真实的自己，她还要继续沉浸在"受害者角色"中。只是她不知道的是，她的儿子变成今天的样子，正是她在日常生活中，和儿子一次又一次"互动"出来的。

那么，为什么这位母亲会这样，她的儿子又为什么会成为所谓的"不良少年"，还如此恨她，甚至想要牺牲掉自己的前途命运来跟她对着干呢？这一章，我们来谈一个非常重要的话题：什么才是孩子成长和发展的前提条件。如果你的孩子不具备这样的条件，那我还是劝你先把条件补上，再跟孩子谈好好学习和发展自己。否则，你只会把问题越搞越糟，孩子将来也会过得非常痛苦。

这个前提条件就是，父母有没有在孩子的"情感关键期"，跟孩子建立高质量的情感联结。

关键期：一时错过，将终身错过

前面我们讲过"狼孩"的故事。1920年的印度，两个从小被狼群抚养的孩子被人类发现的时候已经七八岁了，完全不会直立行走，甚至和狼一样只吃生肉，也不会说话。回到人类社会后，经过了多年学习，她们只勉强地学会了几个简单的字词，学不会人类社会的知识和技能，至死都没有融入人类社会。从这个例子里我们能直观地看到，这两个人类的孩子，由于从小跟动物长大，错过了在人类社会中学习的关键期，尤其是语言发展的时间窗口，之后就再也无法融入人类社会了。

狼孩是一个非常极端的案例，也属于小概率事件。那么，所谓错失"关键期"，在我们大脑层面，会发生什么呢？我先来跟你分享一个非常经典的科学实验，该实验是由哈佛大学神经生物学教授大卫·休伯尔与瑞典神经科学家托斯坦·威泽尔共同完成的。他们通过对猫的视觉细胞研究，从神经层面揭示了视觉形成的神经机制，并与美国神经生理学家罗杰·斯佩里共同获得1981年诺贝尔生理医学奖。

在这个系列研究当中，最为著名的当数残忍的"小猫视觉剥夺"实验，即在小猫刚出生的时候把小猫的眼睛遮住，不让小猫接收外界信息，测试小猫的视觉发育还能不能正常进行。实验中，休伯尔和威泽尔在小猫刚出生时，用针线将其眼睑缝合了起来，过了一个月再打开。然后他们给小猫看各种图案，同时记录其视觉神经细胞的各种电反应。他们惊奇地发现，小猫的眼睛不再对各种图案产生有规律的反应。换句话说，小猫的视觉中枢已经无法再识别眼睛传递过来的视觉刺激了，它可以"看见"，但是无法"识别"。接下来，休伯尔和威泽尔又做了个对比实验，将已经一个月大的小猫的眼睑缝合起来，一个月后再拆线，结果发现，小猫的视觉是完好的，并没有受到影响。这个实验引出了一个非常重要的结论：小猫的视觉发育的关键期，就是出生后的第一个月；并且，在第一个月内，要进行丰富的视觉信号刺激，视觉的神经通路才能正常形成。

其实，从孩子出生起，眼睛一睁开，大脑就开启了与外在环境的"交互模式"。在互动过程中，孩子会根据外界的刺激，激活相应神经元里的基因表达,从而将生产出来的蛋白质输送到特定的突触上,不断形成"神经回路",然后建立起一个成熟的神经网络。孩子所看见人们的所有行为反应,所有情感体验,都是多个复杂的神经回路整合在一起并向外投射的结果。

小猫实验充分说明,大脑要发挥正常的功能,不仅需要先天的基因,还需要在刚出生后的关键时期内,及时接收丰富而重要的信息。只有不断输入外界信息,才能启动基因的表达,大脑才能够真正地发育成熟。没有外界信息输入的神经元,就无法运用可塑性开动基因表达,突触也就无法增强,神经元网络就建立不起来了。所以,错过了关键期的小猫,即使再把眼睛打开,视网膜还能接收视觉信息,但是大脑里根本没有建立好视觉的神经网络,眼睛看见了,大脑却无法得到有效信息。

实际上,跟孩子建立情感联结也存在"关键期",如果错过,对孩子未来的发展将是灾难性的。然而对于这一"关键期"的发现和认识,我们却经历了一段非常波折的过程,因为在历史上的绝大多数时期,人们认为这些小家伙还不是真正的人,不具有人类的感受,不会悲伤,不会孤独。甚至到了工业革命之后,人们仍普遍排斥和否认孩子情感与认知的存在,认为孩子的行为是可以通过"奖励"或者"惩罚"来改变的。

11 孤儿院与恒河猴：
情感联结是孩子成长发展的前提

在 1930 年至 1950 年期间，全世界都流行冷酷无情的育儿主张，这些主张中影响最大的，要数著名心理学家华生，就是做"小阿尔伯特"实验的那位，我们在前面的章节详细介绍过他的实验。华生说："不要溺爱子女。睡前不用亲吻道晚安，如果非要道晚安，宁可向他们鞠躬，握手致意，再熄灯就寝。"要知道，华生的思想在教育领域影响非常大，家长和教育工作者们纷纷效仿他，体罚、打屁股、关小黑屋等各种惩罚措施层出不穷。如今依然有许多家长抱着同样的信念对待孩子：孩子期待吃到想吃的东西，会被斥责为"贪吃"；孩子想与小伙伴多相处、多玩耍一会儿，会被斥责为"贪玩"；孩子因为过于繁重的课业而想多睡一会儿，会被斥责为"贪睡"。在这些家长的眼中，孩子永远都是喂不饱且充满欲望的"小怪兽"，是"小怪兽"就一定会贪，就一定得用暴力"驯服"。

前些年引发舆论风暴的杨永信，利用所谓的"电击治疗网瘾"，其思想根源就来自华生的理论。而电击这种令人毛骨悚然的管教与体罚措施，只是那个年代的冰山一角，甚至有些极端的教育者认为，孩子就是机器，孩子的行为都是可计算、可控制、可预期的，那么教育就是让孩子做出成年人期待的所谓"好行为"，控制好成年人不希望出现的坏行为。

不要挑战人性 ❷

孤儿院里的问题小孩

20世纪，人类经历了两场世界大战，无数生命被夺走，无数家园被毁掉，而且，两场大战还造就了数量庞大的孤儿群体，这些孩子要么爸爸妈妈死于战争，要么在逃难的过程中跟父母走散。许多孩子甚至还是襁褓中的婴儿。

那么，这些失去父母的孩子该怎么办呢？许多国家都为此专门建立了大量的孤儿院。但是，奇怪的事情发生了，被收容到孤儿院的孩子，尤其是年纪较小的婴幼儿，死亡率非常高。据统计，孩子在进入收容所后两年内的死亡率竟然在31.7%～75%，比如德国一家条件非常好的孤儿院，收容的婴儿一年内的死亡率竟然高达70%，这引起了当地政府和专家的注意。于是，调查人员专门对儿童福利机构展开调查，但什么也没查出来。刚开始，专家怀疑可能是卫生条件或者营养状况的问题，但发现有些孤儿院条件还是相当好的，并且专门配有医生，孤儿院内也是每天消毒，面包、牛奶一样都不少，但还是会经常发生婴儿死亡的事件，这种现象引起了许多国家的医生和科研人员的注意。

1937年，美国著名心理治疗师戴维·李维通过长时间观察孤儿院孩子，特别是那些居无定所、经常更换抚养人（比如护士、

11 孤儿院与恒河猴：
情感联结是孩子成长发展的前提

护工）并且过了好几年才被领养的孩子，发现了一些共性，比如他们通常长得可爱，与谁都亲热，很会讨好人，但内心非常冷漠，无法与人真正建立起亲密的关系，属于典型的"外热内冷"。而且，这些孩子普遍多动、注意力不集中、自卑，还身染恶习、屡教不改，像撒谎成性、偷窃成癖、极易暴怒，还非常喜欢霸凌其他孩子，或者很容易成为被霸凌的对象。他们很难交到真正的朋友，还离不开大人，无法与其他孩子合作，不懂与人相处道理。这些孩子还特别喜欢幻想，并且常常迷失在有害的幻想世界里，比如幻想把养父母杀死，把跟他们抢玩具的小朋友弄死。收养这些孩子的父母也被他们搞得焦头烂额，无奈之下只能把孩子送到专业的心理治疗机构去治疗，但效果很差。

1945年，奥地利裔美国心理学家雷诺·史必兹专门研究了因"二战"而成为孤儿的儿童，想评估亲子分离对孩子的影响，特别是这些孩子与其他孩子建立关系以应对未来的能力。结果表明，这些"二战"孤儿在身高、体重、运动功能、情绪、人际关系和情感表达等各方面，均出现了发育迟缓，而且这些问题是不可逆转，甚至会导致儿童死亡。

为了更好地向政府和科学界说明这些孤儿的问题，史必兹专门拍了一部名叫《悲伤：婴儿期的致命危险》的黑白无声电影。

由于电影没有声音，因此，史必兹专门在电影转场处设计了字幕，来帮助观众理解情节。

电影开头，在模糊闪烁的画面中，出现了一个黑人女婴，名字叫简。这个孩子被迫与母亲分离后，在收容所至少要待上3个月。简刚来到收容所时，周围的一切都是新鲜的，她显得快乐友善。然而，一周之后，可以明显看出简非常焦虑，她的目光飘忽不定，好像在找什么，表情非常痛苦。这时，史必兹出现在镜头前，他试着去安抚简，但一点用也没有，简反而愤怒大哭，还踢打史必兹。紧接着，画面中显示出字幕：这个年纪的孩子很少会有如此绝望的表现，很少会这样撕心裂肺地哭泣。她只与妈妈分离了一周左右。

如果分离时间超过3个月呢？画面中又出现了一个孩子，他看起来就像刚从奥斯威辛集中营被解救出来的受害者，不仅目光呆滞，而且举止怪异，身体和双手不停地发抖。这个孩子已经9个月大了，但看起来跟3个月差不多，身体发育明显不足。收容所条件还不错，孩子也没有生病。这一段的字幕是：他举止怪异，让人想起精神病人。随后，字幕又出现了——治疗办法：让妈妈回到孩子身边。3个月后，简的妈妈回来了，孩子心中的阴霾瞬间烟消云散了，她开始主动跟女护士玩耍，拍着手笑着，允许护

11 孤儿院与恒河猴：
情感联结是孩子成长发展的前提

士抱，简的世界似乎又充满了快乐和阳光。

这实在是太神奇了，史必兹专门做了一个对比研究。他将收容所里的孩子与另一组在纽约州北部女子监狱中诞下的婴儿进行了比较。与收容所不同的是，按照监狱规定，服刑期间的孕妇如果在监狱中分娩，可以跟孩子一起生活，也可以给孩子哺乳。史必兹再一次拿起了摄影机，记录下这些珍贵的画面——生活在监狱里的孩子显得非常开心，他们个个神采奕奕，在监狱里探索攀爬，跌跌撞撞，与收容所中情绪低落的孩子形成鲜明对比。也就是说，只要能跟妈妈在一起，即使是监狱，对孩子来讲，也都是天堂般的存在。

奇迹般的智商反转

1938年，美国精神病与心理学家哈罗德·M.斯基尔斯接管了一家位于艾奥瓦州的精神病院，院内设有州立孤儿院，里面住着一些被遗弃的智障患儿。斯基尔斯清楚地记得，他第一次巡查孤儿院时，看见两个小女孩坐在过道的地板上哭泣。她们身材矮小，瘦弱不堪，面色惨白。他可以感受到她俩从内心中散发出的怨气和哀伤。

这所医院里住着几十个被遗弃的孩子，而护士只有两个，人手严重不足。实际上，这里只是一个中转机构，收容的孩子最终会被送到收养人家里。但按照艾奥瓦州的法律，那些被诊断为"智障"的孩子是不能被收养的，只能由州财政来供养。坐在楼道里哭泣的两个小女孩就是这样的孩子，她们没有被收养的资格。

第二次世界大战爆发后，美国所有医院都要为战争服务。因此，斯基尔斯不得不把那些常住的孤儿送到普通病房里跟其他病人一起住，这当中，就有之前那两个小女孩。

三个月之后，斯基尔斯正在检查病房，正好碰到了那两个小女孩，她们好像完全换了个人，不仅精力充沛，还跟病房里的其他患者、护士和护工有说有笑，跟之前的状况天差地别。带着好奇心，斯基尔斯给这两个小女孩又做了一次智商测验，发现她们的智商指数分别为77和87，这表明她们已经不再是"智障"了，完全符合被收养的条件。

这三个月到底发生了什么？经过调查，斯基尔斯发现，两个小女孩在普通病房中的起居、饮食其实跟之前差不多，但却跟病房里"病友"建立起不错的关系，甚至成了病房里的"开心果"，大家都很喜欢她们，每天陪着她们聊天、玩耍。特别是一位妇女，

11 孤儿院与恒河猴：
情感联结是孩子成长发展的前提

对她们爱护有加，给她们做玩具、织衣服，就像妈妈一样。两个孩子从无人问津的大病房搬到了充满爱、关注和刺激的普通病房后，仿佛被注入了能量，之前的悲伤与哀怨一扫而空，甚至连智商都提高了。

斯基尔斯感到非常奇怪，于是打算做个实验。他在孤儿院的孩子中选择了 13 名 1 至 2 岁被诊断为"智障"的孩子，这些孩子不适合收养。他又找了一些存在智力障碍，但还能独立生活的年轻女病人，训练她们照顾这些年幼的孩子。此外，斯基尔斯还找了一个地方作为"幼儿园"，每天上午在这里集中给孩子们开"幼儿课程"。随后，这些通过了培训的女病人作为"准妈妈"，被随机分配给了 13 名"智障"孩子。当然，斯基尔斯还选择了 12 名孩子作为对照组，他们的生活跟平常一样。而且，对照组的孩子平均智商要比实验组的孩子高。

就这样，经过两年多的时间，斯基尔斯再次对实验组和对照组的孩子进行了智商测验。奇迹再次出现——实验组所谓的"智障孩子"，智商指数平均提高了惊人的 27.5 分，而对照组那些智商比较高的孩子，指数反而平均下降了 26 分。这还不算完，斯基尔斯对实验组和对照组中的 25 个孩子进行了长达 25 年的追踪研究，发现实验组的 13 个孩子中，有 11 个后来结婚了，有 4 人

245

还上了大学，找到了商业与专业技术方面的工作。而对照组的 12 名孩子就没那么幸运了，他们的平均受教育程度只有三年级，除了一个人后来有了工作，其他人都没有工作，而且有 4 人后来又进了精神病院长期住院治疗。

实验开始的 30 年后，斯基尔斯因为在儿童精神疾病与心理治疗领域的研究成果，特别是对儿童收养制度改革的杰出贡献，获得了"肯尼迪奖"。在颁奖典礼的现场，有一位获得硕士学位的男士发言，他就是当年实验组 13 人中的一位。他无比激动地向斯基尔斯表达感谢，特别是感谢他给自己找到了"妈妈"，找到了收养家庭，成就了他全新的人生。

情感依恋：生命中不可缺少的"营养"

实际上，无论是生母还是养母，父亲或者其他人，只要能给予孩子充分的爱，都是孩子生命中不可或缺的"营养"，就像植物离不开阳光一样。当然，孩子生命的最初也是最合适的养育者，就是妈妈。但有时生逢逆境，妈妈自顾不暇；有时妈妈会心怀哀怨，时不时发火。但就算妈妈不称职，对孩子而言，有总比没有要强，因为母爱的缺失，对孩子来说将是致命的。

11 孤儿院与恒河猴：
情感联结是孩子成长发展的前提

前文中的这些案例都说明了一个非常浅显的道理，然而，就这么显而易见的道理，却始终没有被人们充分认识。在过去，人们一直出于文化习惯和宗教信仰，对母爱作用的认识有所缺乏，始终没有科学的理论对养育者与孩子之间的关系形成过程进行科学诠释。而对于相关论述，最成体系，也最有说服力的，当属英国发展心理学家约翰·鲍尔比所提出的"依恋理论"。当然了，鲍尔比"依恋理论"的形成不是一蹴而就的，而是经历了30多年的时间，并且历经坎坷，最终以石破天惊的三本作品问世，这三本是即1969年出版的《依恋》、1973年出版的《分离》、1980年的《丧失》。

鲍尔比出生于1907年，在家中排行老四。他的父亲是准男爵兼英国皇家御医，属于英国的贵族阶层，因此，鲍尔比家庭条件不错，从小就接受了良好的教育。但按照鲍尔比自己的说法，他认为自己的童年过得并不好，父母都严守着所谓"贵族礼仪"，讲求理性严谨，感情从不外露。母亲是个尖刻而顽固的人，以自我为中心，从不表扬孩子，对孩子的情感世界一无所知；父亲则既自负又暴躁，很少和孩子们待在一起。因此，儿时的鲍尔比感受不到家里的温暖，跟父母的关系很疏离。

鲍尔比家里的保姆有好几位，最年长的那位是大管家，这个人不好说话，为人冷酷，对他父亲唯命是从，而其他的保姆都是年轻女子。鲍尔比对其中一位保姆产生了强烈的依恋，对方对他无微不至地照顾，让他找到了本来应该在妈妈身上找到的温暖。后来，这位保姆在鲍尔比 4 岁那年离开了，这让他难以适应，非常痛苦。7 岁时，鲍尔比被送到了寄宿学校，这件事成了他一生的痛，他感觉自己被家里抛弃了。而那一年正好是 1914 年，第一次世界大战爆发，英国身陷战争，大批的英国人被送上战场，包括英国的贵族阶层。因为要上前线，鲍尔比的父亲只能把孩子送到寄宿学校，这样做也是为了保护他们尽量不受战争的影响。

后来，在寄宿学校读了 7 年的鲍尔比进入了达特茅斯皇家海军学院，这是英国培养海军初级军官的主要院校，被誉为英国皇家海军军官的"摇篮"。这一年，鲍尔比才 14 岁。在海军学院读了三年后，鲍尔比被分配到皇家"橡树号"战列舰服役。而鲍尔比似乎对从军一点兴趣都没有，一年之后，他以优异的成绩考入了剑桥大学三一学院。父亲很希望他能子承父业，继续做医生，而鲍尔比对学医没兴趣，但当时又非常迷茫，不知道今后该做什么，便选择了医学。大学第三年一次偶然的机会，鲍尔比接触到了心理学，特别是弗洛伊德的精神分析学，这让鲍尔比心花怒放，他决定学习心理学。

11 孤儿院与恒河猴：
情感联结是孩子成长发展的前提

1928年，年仅21岁的鲍尔比从剑桥大学毕业，拿到硕士学位，去了儿童收容所工作，后来又去了儿童学校做义工。之后则去了英国非常著名且另类的夏山学校——这是一所提倡"进步教育"的学校，希望让学生用"生活公约"和"自主学习"的形式来取代"威权体制教育"（一切都由学校安排好，学生听话就行）。在夏山学校，学生完全不由老师安排任何课程，一切教育以学生的需求为出发点。学校的创始人 A. S. 尼尔认为：纪律严明的管理会毁灭孩子的求知天性，阻碍个人发展，因而是孩子们最不需要的。在夏山学校，孩子们只要不侵犯他人，便可以做任何自己喜欢的事情。当然，学生们的行为准则是通过学生自治会"投票"决定的，在自治会里，学生和工作人员都拥有平等的发言权，共同讨论问题，包括创建或改变学校的规则和决定，比如几点上课，几点睡觉，是否允许在游泳池和教室内穿着暴露。所有人都有机会在冲突解决的过程中投票，如决定针对盗窃行为的罚款额度。

1933年，鲍尔比开始跟随英国教育心理学家苏珊·萨瑟兰·艾萨克斯攻读博士学位。艾萨克斯是现代幼儿园教育制度改革的先驱，也是最早推动幼儿"游戏教学"的学者。在艾萨克斯看来，孩子的情感需求非常重要，而孩子喜欢玩的"过家家"这种象征性和幻想性游戏，可以很好地帮助他们释放情感，推动心智的发展。博士毕业后，鲍尔比开始在伦敦儿童指导中心工作，这几年也是他一生中最关键的经历。在指导中心，鲍尔比见到了各种奇奇怪怪的孩子和形形色色的家长，尤其是一些所谓的"不良少年"，这些孩子和他们的家长给鲍尔比留下了极为深刻的印象。1936年到1939年间，鲍尔比一共收集了44个类似的案例，这些孩子的年龄从6岁到16岁不等。这当中有些孩子情绪抑郁，有些狂躁好动，还有一些冷漠疏离，缺乏情感。而且，他们还存在不同程度的偷窃、辍学、打架斗殴等行为。

按照传统观念，人们肯定认为这些都是"坏孩子"，需要用"惩罚"给予纠正。但鲍尔比却发现，这些孩子的家长，态度和行为存在的问题可不比孩子少。比如，有的家长"道德败坏、牢骚满腹"，有的"酗酒、残暴、动不动就毒打孩子"，有的对孩子"大呼小叫，总拿抛弃孩子进行恐吓"，有的"极度焦虑、小题大做、疑神疑鬼、刻薄尖酸"，有的"喜怒无常、嫉妒心强"，还有的"多愁善感，偏执武断"。总之，正常的成年人都不愿意与这样的人成为朋友，建立关系。鲍尔比还发现，这些"不良少年"的家庭总是一团糟，父亲往往特别不负责任，不愿理会孩子，对孩子的生活和成长毫无兴趣，经常大呼小叫，甚至使用暴力。这些孩子或多或少都被殴打过。

11 孤儿院与恒河猴：
情感联结是孩子成长发展的前提

还有一类孩子是非婚生的，或者父母感情破裂离婚后被抛弃，抑或父母死于战争或疾病，无人抚养。孩子往往会被送往儿童收容所或者孤儿院，等待收养家庭，或者由教会出面协调寄养家庭。当时，欧洲经历了第一次世界大战和西班牙大流感的双重打击，"一战"的各类人员伤亡将近3500万，大流感则在全球范围内感染了将近5亿人，造成数千万人死亡，英国同样遭到了沉重的打击，人口锐减，因此这类孤儿特别多，他们常常会在几年内不停地换抚养人，居无定所。而且，孤儿院的条件参差不齐，哈罗德·M.斯基尔斯的艾奥瓦州立孤儿院算是很好的，而在英国，这样的孤儿院并不多，幼师和护工人数也严重不足，人员素质更无法保证，大量孩子在孤儿院根本得不到良好的照料。鲍尔比发现，这种孩子仿佛在失去父母之爱的那一刻，心门就闭合了，而且再也不会开启。在孩子淡漠和麻木的面具背后，是痛苦和绝望的无底深渊。

鲍尔比在与那些"不良少年"的交谈中发现，几乎所有的孩子对自己的父母都持有很矛盾的情感，"既恨又爱"，他们往往会把自己的情感隐藏起来，用淡漠和仇恨的方式防御自己对父母情感的渴求。他们心底存在着理想的"好爸爸""好妈妈"，但现实却是"坏爸爸""坏妈妈"，这在他们内心造成了严重的冲

251

突和愤怒，幼小的心灵根本无法承受，甚至能把他们完全吞噬掉。特别是那些被父母抛弃的孩子，心灵受到的创伤更是非常重，因为太幼小，他们根本无法理解父母是因战争或者疾病抛弃了自己，他们只会认为因为自己不可爱、不配活着，自己就是个恶魔。

鲍尔比记得一个名叫利奥的孩子，表面上玩世不恭，有一种"怼天怼地""死猪不怕开水烫"的感觉，但实际上一直被抑郁折磨着。他特别恐惧天黑，害怕一个人待着，他总认为自己是个坏孩子，是应该被丢弃的垃圾。他总是说："你们最好能杀了我，那样我就会从你们的世界消失。"这个孩子一直试图用激怒成年人、挑战权威、伤害亲人和朋友的方式证明自己是个"垃圾"，以此证明自己的想法是对的。鲍尔比说，这些情感缺乏的"不良少年"仿佛被囚禁在心灵孤岛上，他们对父母的爱无比渴望，但又因"爱而不得"而愤怒，以至于发展成对周围所有事物的仇恨和攻击。后来，鲍尔比给这些孩子的人格起了个名字，叫"情感缺乏人格"。

正因为对于孩子和家庭的实地观察和研究，鲍尔比始终认为，对一个家庭而言，最重要的不是物质条件，也不是宗教信仰，而是一家人的情感状况。孩子幼年时期的心理发展存在两个最为重要的环境因素。一是养育者的陪伴。如果妈妈去世，或者缺乏养

11 孤儿院与恒河猴：
情感联结是孩子成长发展的前提

育者，或与养育者分开太久，孩子就会形成"情感缺乏人格"，长大后就会变得情感淡漠，攻击性强，甚至出现偷窃、暴力等行为。二是妈妈或者养育者对孩子的态度，这种态度反映在喂奶、断乳、排便训练等日常关爱上。鲍尔比说，如果养育者在养育孩子时情绪不稳定，并且经常出现对孩子的敌意、不满、厌恶或者嫌弃，就会给孩子造成长久的情感创伤。比如，一些家长看见孩子调皮捣蛋，马上气不打一处来，开始大吼大叫；孩子不听自己的话，就认为孩子将来会忘恩负义，会抛弃自己，于是痛斥孩子，等等。鲍尔比认为，如果养育者易怒、抱怨、挑剔、胡乱干涉和打击孩子，那么孩子不仅会变得易怒、有攻击性，同时也会十分渴望得到爱以及对他来说代表着爱的东西，小的时候可能是糖果，长大了之后可能就会是香烟或酒精，还会无法控制地使用，这就进一步加剧了成瘾行为。

惨无人道的儿童住院制度

鲍尔比和他的助手詹姆斯·罗伯森在研究"不良少年"时，还发现一些需要住院的孩子在家里本是好好的，可一住到医院就出问题了。他们不仅体重下降，睡眠减少，食欲不振，而且总是无精打采、闷闷不乐，对医生和护士的互动也无动于衷。20世纪

不要挑战人性 ❷

50年代，英国广播电台在某一年的圣诞节专门录过一期节目，工作人员走访医院，让医院里的孩子通过广播给家人报平安并献上祝福。稍微大一点的青少年会非常懂事地拿起麦克风，给家人传递美好的祝福，但小朋友，尤其是3岁以下的，不但在话筒面前说不出话，而且还会大哭。

鲍尔比和罗伯森利用社工的身份，专门在病房里近距离研究住院的孩子，他们发现，3岁之前的小朋友，只要经历过单独住院，就会或多或少地出现各类问题。例如，有位2岁半的小姑娘因为肺炎住院治疗了将近一年，等结束治疗回到家中，她似乎变了一个人，对妈妈不理不睬，甚至不再需要妈妈抱，好像不知道感情是什么东西。罗伯森总结，这样的孩子大致会经历三个阶段：

第一个阶段是"反抗"，即父母离开后，孩子会哭泣、黏人、尖叫。在这个阶段，孩子害怕、迷茫，急迫地找寻消失不见的父母，听到任何可能是父母来了的动静，都会焦急地转头。当医生和护士走进房间，孩子就会大哭。等哭了一阵子，孩子会稍微好一些，但发现医生和护士离开后，又会大哭，还会起身阻拦，或气得脸色发紫，悲痛地尖叫，像发了疯似的。护士说，这些孩子白天夜里都在抽泣，有时甚至做梦也哭。

11 孤儿院与恒河猴：
情感联结是孩子成长发展的前提

第二个阶段是"绝望"。这时，孩子一般会变得无精打采，对周围的一切丧失兴趣，没有食欲，偶尔还会哭泣。罗伯森说，此时孩子无比思念自己的父母，但他们的愿望正在逐渐消失。

罗伯森在短期住院的孩子身上见到过以上两个阶段，而在长期住院的孩子身上，他观察到了第三个阶段，那就是"疏离"。这一阶段的孩子终于被迫接受了在病房生活的事实，而且会变得特别懂事，不哭不闹，个个都是"小淑女""小绅士"，他们见到医生和护士会主动打招呼，面带微笑。但这种微笑怎么看都很假，孩子的灵魂仿佛被抽空了一般，只剩下一具躯壳。

而这些长期住院的孩子一旦回到家里，对父母会彻底淡漠。父母在与不在，来与不来，已经无所谓了，他们不哭不闹，甚至一点儿也不关心。这时，孩子会变得异常胆小，畏畏缩缩，完全失去了自信，情绪低落，总是沉默。最可怕的是，到达疏离阶段的孩子，人际关系也会出现严重问题，他们无法与他人建立起良好的关系，尤其是亲密关系。而且，这些孩子长大后，患精神病以及各类情绪障碍的概率会大幅提升。

然而，有一件事一直困扰着鲍尔比，那就是他一直无法用科学的实验来证明父母与孩子之间到底发生了什么，为什么早年失

不要挑战人性 ❷

去父母照顾的孩子会变成这样？直到一个人出现，用一个惊世骇俗的实验帮了鲍尔比大忙后，他才明白，而这个人就是美国犹太裔心理学家哈利·哈洛。

来自恒河猴的灵感

哈洛的实验论文一经发表，马上引发了轰动，鲍尔比看到后兴奋地跳了起来，因为他心中的疑团被哈洛完美回答了——恒河猴实验里的场景（具体实验内容参见我的上一本书：《不要挑战人性》）跟他在孤儿院和收容所里看到的孩子的行为高度相似。大多数灵长类动物的幼崽出生后，都会非常黏母亲。例如恒河猴实验里的铁丝妈妈有奶，但小猴不喜欢，而布料妈妈没奶，小猴却喜欢，这显然与食物无关。黑猩猩幼崽离了母亲会大哭，年纪稍大些的则会发脾气。人类世界也一样，当婴儿感到害怕，或被放到床上准备睡觉，或和母亲分开时，也最容易哭闹。人类身上一定预设好了某些亲和行为与代际线索，等待着特定类型的关系体验；如果外界环境不及时提供这样的关系体验，人的天性就会像那些"不良少年"一样发生扭曲。

此外，哈洛的实验还很好解释了母子分离为何是一场灾难。因为分离扼杀了孩子的本能需要，孩子一出生就需要跟养育者亲

11 孤儿院与恒河猴：
情感联结是孩子成长发展的前提

昵，被抚养和被养育者呵护，这是每个人降生时已经预设好的必需品。实际上，孩子寻求这些，就像父母渴望给予一样，是一套写在基因里的生物程序。那么，这套程序是什么呢？在此，鲍尔比正式引入"依恋"（attachment）一词，用它来描述母婴之间感情纽带的程序。婴儿刚出生时就开始慢慢启动这套程序，比如母亲离开时表示愤怒和抗议，母亲回来时则表示欢迎，感到不安和害怕时会抱紧母亲，母亲走到哪儿就尽可能跟到哪儿。婴儿还会通过哭和笑来吸引母亲，诱发母亲身上照顾孩子的本能，以保证母亲待在自己身边。3个月大时，孩子开始用眼神跟随。再长大一些，累了、饿了、疼痛、害怕的时候，就会主动爬行或步行跟随母亲。

实际上，这套程序就是在说明：亲近养育者有利于存活。因此，当婴儿得到了养育者的关爱，情感联结加深时，就会本能地产生满足感，这种亲近关系的形成和维系逐渐形成了"安全感"，为婴儿未来的人格发展和能力形成打下了基础。相反，如果这种情感联结断裂，就会令孩子焦虑、悲痛和抑郁，这种本能的情感反应会成为一种强劲的心理动力，推动孩子用一生的时间补偿曾经的缺失。到了这个时候，能力发展已经不重要了，最重要的是先把曾经失去的情感找回来，再把情感联结续上。

也就是说，儿童能否健康成长，与养育者关系非常大。鲍尔比认为，早期的亲子分离或者母爱剥夺之所以危害巨大，是因为对孩子而言至关重要的那个人消失后，孩子所有的情感发育会陷入混乱和停滞，人格发展也就此开始扭曲。而许多父母，在自己不顺，或者孩子不听话的时候，会威胁孩子，"不听话就不要你了"，或是"把你送走吧"，甚至以自杀相逼，让孩子顺从自己的意思。孩子会从父母的这些做法和态度中感到前所未有的恐惧和痛苦，进而产生难以承受的焦虑。大一些的孩子或者青少年还会非常愤怒，可能出现以愤怒为主导的攻击型人格。要知道，我们每个人生来就有被全身心、无条件关爱的渴望，那是一种基本需要。如果得不到及时的满足，我们就将用一生的力量去寻找爱，直到离开这个世界。

12

陌生人情景实验:
看清情感联结形成的机制

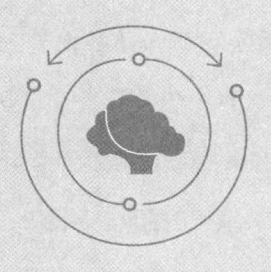

虽然哈洛帮了鲍尔比大忙,但还有一些重要的问题没有解决,那就是"依恋"是什么?内在逻辑结构是什么?以及怎么测量?这时,上天再一次眷顾了鲍尔比,给他安排了他一生的好学生、好帮手,也是"依恋理论"重要贡献者、"依恋"领域的先驱人物——玛丽·爱因斯沃斯。

1929年,16岁的爱因斯沃斯入读多伦多大学,在那里,她遇到了自己的第一位导师威廉·布拉茨——"安全感理论"的提出者。布拉茨在这方面的见解给爱因斯沃斯留下了极为深刻的印象,也成为爱因斯沃斯学术思想的起点。很快,爱因斯沃斯就选择了心理学专业,并取得博士学位,其论文题目就是布拉茨的《安全感理论》。

从1939年开始,爱因斯沃斯一直在多伦多大学任教,第二次世界大战爆发后,她以陆军少校的军衔服了四年兵役,主要负责人员选拔工作。1946年，她回到多伦多大学，与布拉茨一起指导团队，评估成年人各个方面的安全感。1950年，她与比自己年纪小、刚取得心理学硕士学位的莱恩·爱因斯沃斯结婚，从了夫姓。

后来，丈夫为了学业选择去英国，她放弃多伦多大学的教职，跟着一起去了。然而，刚来到英国的爱因斯沃斯找不到工作，发出的许多求职信都石沉大海了。正好，鲍尔比在《泰晤士报》上刊登了一个招聘启事，需要一名助理帮助自己和罗伯森收集原始数据，能运用心理测验进行临床工作。于是，爱因斯沃斯就来面试了，鲍尔比一眼相中她，因为她不但实力过硬，而且理念也与他惊人地一致。就这样，爱因斯沃斯和鲍尔比、罗伯森共事了三年半的时间，参与了鲍尔比所有的大项目。受鲍尔比的影响，爱因斯沃斯也陷入了深深的困惑：为什么孩子离不开母亲？依恋是怎么形成的？一系列的疑问深深困扰着爱因斯沃斯。

1954年，爱因斯沃斯的丈夫在乌干达的麦克雷雷大学找到了一份工作，爱因斯沃斯还是义无反顾地跟随丈夫去了非常贫困且条件艰苦的乌干达。但她并没有放弃自己对于亲子关系的探索，她准备在乌干达干一件大事：对28名尚未断奶的婴儿进行实地的自然观察——就是到别人家里去，看人家怎么养孩子，并把整个过程记录下来。

为了进行这项研究，爱因斯沃斯直接住进了当地人家里，并用一个月时间学会了当地的语言，还亲自找到村里的首领，说服对方支持自己的调查研究。随后，爱因斯沃斯选择了几个合适的家庭并逐一拜访，解释自己的研究，尽量消除误会，寻求支持。当然，研究不是白做的，为了答谢母亲们的配合，爱因斯沃斯会提供交通工具，送她们去邻近的诊所就医，而且会给这些家庭提供脱脂奶粉。一开始，参加研究的志愿者很少，但是因为有福利，大家口口相传，报名的人越来越多，爱因斯沃斯不得不进行筛选，她选定了来自23个家庭的28个孩子为研究对象，其中还包括一对双胞胎。

接下来，爱因斯沃斯在9个月的时间里，带着自己的翻译凯蒂·基布卡马不停蹄地穿梭在各个家庭间，每两周家访一次，每次观察和访谈两个小时。除此以外，她们还经常去这些家庭做客，停留时间不长，主要是去送些奶粉药品，或提供一些服务。没过多久，爱因斯沃斯就融入了这些研究对象的生活。她细致入微地观察每一名母亲与孩子的相处方式，从母乳喂养、吮吸手指，到洗澡、大小便训练、哄睡觉，甚至连抱孩子的方式、孩子的反应以及婆媳矛盾，都如实记录了下来。

随后，爱因斯沃斯给每一名孩子和母亲之间的互动行为给予

12 陌生人情景实验：
看清情感联结形成的机制

"标签"，比如母亲离开时哭泣；跟随母亲；关注母亲的去向；往母亲身上爬；把脸埋在母亲腿上；害怕时奔向母亲；通过微笑、欢呼、拍手、举臂或兴奋的样子与母亲打招呼。同时，她还逐一记下了母亲与孩子之间互动行为的时间和程度，并把这些行为和反应进行归类，最后形成了"依恋行为清单"。面对这个清单，爱因斯沃斯陷入了沉思，导师布拉茨和鲍尔比的理论以及平时观察研究的点点滴滴，突然间在她的大脑里汇集成网络，然后逐渐清晰，逻辑线条开始显现——答案出来了：安全基地！

爱因斯沃斯非常兴奋，她写下了堪称依恋理论奠基石的一句话："儿童把母亲作为安全基地，放心地去尝试探索周围的世界。"也就是说，当母亲成为孩子的安全港湾时，孩子才可能有好奇心去学习、去探寻、去尝试。尤其是当孩子学会爬行之后，就会开始尝试离开母亲，勇敢地探索周围的环境，试着在大脑里建立他与这个世界的关系。与此同时，孩子并不会走远，他必须时刻注意母亲的位置，不时回到她的身边，或者对她回眸一笑。

爱因斯沃斯还观察到一个很有意思的现象：环境中有没有陌生人在场，对孩子探索外面世界的影响非常明显。内心比较有安全感且勇敢的孩子，即便有陌生人在场，也能爬到房间最远的地方，并用眼神和微笑与妈妈交流。不过，大多数的孩子都要在下一次探索之前回来一趟，与母亲进行一次身体接触，最好是能好好抱一下。有些孩子则对陌生人特别敏感，当有陌生人在场时，他们与母亲寸步不离，眼睛一刻也不离开母亲。如果此时母亲要出门，他们马上会跟上。

通过观察，爱因斯沃斯对依恋有了深刻的理解，并把它分成五个阶段：

第一阶段，婴儿对所有人的反应都一样，不加区分，这是因为刚出生，还无法做出任何有社交意义的反应。

第二阶段，婴儿的回应有了差别，表现出只对母亲的认识和青睐。

第三阶段，婴儿隔着很远的距离就能区分是不是母亲，看到母亲回来就爬向她，看见她离开就大哭。爱因斯沃斯认为，在这个阶段，孩子开始产生"分离焦虑"，这标志着孩子与母亲之间依恋关系开始建立。也正是从这一阶段起，孩子开始能区分陌生人和熟人。

第四阶段，婴儿会主动跟随、靠近母亲，并试着在母亲身上与身边活动，比如在母亲腿上跳跃，在母亲身上攀爬。母亲离开

12 陌生人情景实验：
看清情感联结形成的机制

房间时，婴儿不只会大发脾气，一般还会爬向母亲。母亲回来时，婴儿会主动表示欢迎。而且，在这一阶段，婴儿开始小心翼翼地离开母亲，去尝试探索周遭的一切。这个阶段结束的时候（6～8个月大），婴儿面对陌生人会变得更加不安。

第五阶段，孩子开始有陌生焦虑，这时，在有陌生人的环境和没有陌生人的环境下，孩子的行为会非常不一样。如果有陌生人在，或处于陌生环境，孩子便会紧随母亲。之前已经接受了爱因斯沃斯和基布卡的一些婴儿，现在又开始打量她们，就算受到鼓励，仍不会主动靠近她们，被她们抱起时还会神色紧张。而之前不认识她们的婴儿，则表现出了更加明显的焦虑。

而在这28个孩子中，也有几个比较特别，他们身上表现出的特征跟鲍尔比在孤儿院观察到的孩子比较像，主要分为两类：一类对母亲的态度非常矛盾，可以说是又爱又恨，他们想让妈妈多陪自己，但又把妈妈推开，好像对妈妈非常愤怒，总是胡闹不止，怎么哄也哄不好，但对母亲的行踪总是非常警惕，紧随母亲不放，一旦分开就泪如雨下，对其他人毫无兴趣；另一类则显得过于安静，他们被母亲长时间留在床上，哭的时候没人理会，妈妈离开房间，他们不会哭；妈妈回来，他们也不迎接，感觉特别无所谓。爱因斯沃斯把这两类孩子与母亲的关系称为"不安全型依恋"。

而且随着时间的推移，"不安全型依恋"的孩子开始跟"安全型依恋"的孩子拉开距离，比如在运动技能、语言技能、社交行为、适应环境等方面。那么，究竟是什么原因造成了"安全型依恋"和"不安全型依恋"的出现，又是什么原因造成了孩子生理与心理发展的差距呢？到底要怎样抚养孩子呢？这几个问题依然困扰着爱因斯沃斯。

伟大的陌生人情景实验

之后，爱因斯沃斯将她的研究写成了《乌干达的婴儿期》一书，这让她在心理学界声名大噪。1956年，爱因斯沃斯第三次随丈夫搬迁，这一次到了美国马里兰州的巴尔的摩。没过几周，她就接下了一份在约翰霍普金斯大学授课和诊疗的工作。

就在此时，哈洛的恒河猴实验"横空出世"，不仅让鲍尔比感到震惊，也深刻影响了爱因斯沃斯，因为哈洛的研究给了爱因斯沃斯启示：亲子关系是可以通过实验进行研究的。接下来的一段时间，乌干达的那些婴儿以及他们和妈妈互动的场景在爱因斯沃斯的大脑里反复浮现，交织在一起。突然，两个名词从脑海中浮现出来："陌生人"与"分离"。

12 陌生人情景实验：
看清情感联结形成的机制

此时此刻，实验的创意如泉水般涌来，相应的实验剧本也开始酝酿。爱因斯沃斯想：既然"陌生人"与"分离"这么重要，那我可以设计一个场景，让陌生人闯进来，再让母亲和孩子短暂分离，看看孩子的反应，进而观察亲子之间的互动频率和质量。

说干就干！就这样，发展心理学史上里程碑式的实验范式诞生了：陌生情境实验。爱因斯沃斯先在约翰霍普金斯大学的心理学系里找了一个房间，在墙上装了方便观察的单向玻璃，并在房间里放了三把椅子，地上还放置了许多孩子们喜欢玩的玩具，适合男孩和女孩的都有。

接着，爱因斯沃斯开始做实验安排：

第一步，先给妈妈们做简短的实验介绍，让她们理解接下来自己要做什么，并给她们做好心理建设，特别要防止妈妈们听到孩子哭了，忍不住冲进房间的举动。

第二步，让妈妈带着孩子在游戏室里玩玩具，让孩子适应环境，并观察妈妈和孩子独处时是如何相处的。

第三步，让一位年轻的女性实验人员进屋。这位实验人员是孩子从来没见过的陌生人。实验人员进来后会跟妈妈聊聊天，并渐渐接近孩子，主动试着跟孩子互动，融入之前的亲子活动中。这时，观察孩子在陌生人接近时会如何应对。

第四步，孩子与实验人员逐渐熟络起来后，实验人员会陪着孩子继续玩。这时，妈妈会在孩子不注意时悄悄转身离开，再观察孩子面对实验人员时的反应。

第五步，过了一会儿，妈妈会开门进来，观察孩子是如何应对的，又如何平复自己的情绪，如何与妈妈互动。当然，此时此刻，实验人员会在孩子不注意的时候悄悄离开。

第六步，妈妈会趁着孩子玩耍正尽兴时，再次悄悄地离开，把孩子单独留在房间，看这一次孩子有何反应。

第七步，孩子发现妈妈离开后，一般会有情绪反应，这时实验人员就会返回房间，对孩子进行安抚，看孩子面对实验人员的安抚会做何反应。

第八步，妈妈再度归来，观察孩子再次看见妈妈时会如何跟妈妈互动。

实验结果太神奇了。在实验的第二步（来到不熟悉的陌生环

12 陌生人情景实验：
看清情感联结形成的机制

境），多数孩子一开始都会显得比较紧张，并且会盯着妈妈，看妈妈的反应，留意妈妈的动向。当妈妈坐下来，显得比较放松，并且试着跟孩子玩玩具后，孩子才开始慢慢放松，并试着在房间里探索，进一步熟悉陌生环境。

在实验的第三步，孩子看见有陌生人进来，大多数会马上停止自己的探索行为，愣一会儿，然后将头转向妈妈，看妈妈有何反应，显得比较紧张，甚至都顾不上手中的玩具。可当孩子发现这位陌生人跟妈妈进行友好交谈后，他会把自己的目光从妈妈身上挪到陌生人身上，并开始试探陌生人。当陌生人与孩子持续互动，陪着孩子玩耍一会儿后，孩子开始慢慢适应陌生人。

在实验的第四步，正在玩耍的孩子突然发现妈妈走开之后，有一半都哭了起来。这时，陌生人会安抚孩子的情绪，并陪着孩子继续玩玩具，试图转移注意力。这时，有一部分孩子渐渐平复了情绪，并开始玩玩具，但还是一副难过的样子，没法真正平静下来，看起来心神不宁。

在实验的第五步，妈妈回来之后，大多数的孩子会立即放下手里的玩具，冲向妈妈，洋溢着久别重逢般的喜悦。孩子要么笑，要么手舞足蹈，要么咿咿呀呀地说话，仿佛在跟妈妈诉说着什么。

当然还有哭的、发脾气的。更常见的是好几种反应混杂在一起。约半数的孩子都向妈妈"求抱抱",被妈妈抱起后,他们会把头凑到妈妈肩膀上,用脸贴着妈妈。而此时,很多孩子根本没注意到陌生人已经悄悄离开。

在实验的第六步,妈妈会趁着孩子玩耍时再次走开,留下孩子独自一人。这个时候,孩子一看房间里没人了,通常都会哇哇大哭,非常悲伤、可怜。

一般情况下,实验第六步的场景都很"惨烈",因此只能匆匆结束。紧接着就进入了第七步——陌生人回来了。这时,许多伤心欲绝的孩子看见之前的陌生人来了,会接受陌生人的好意,会允许她把自己抱起。当然,孩子对陌生人的拥抱反应不一,有些会把头凑上去,寻求身体接触和安慰,但有些不行,陌生人一抱,哭得更厉害了,根本哄不好。

到了实验第八步,也是整个实验最关键的一步——妈妈再次回来。这一次,孩子的反应就非常不同了。大多数孩子会大哭,比上一次妈妈离开后哭得更久、更厉害,而且需要更长时间才能哄好,但基本上还能安抚,爱因斯沃斯把这一类孩子称为"安全型依恋的孩子"。

12 陌生人情景实验：
看清情感联结形成的机制

而"不安全依恋型的孩子"，跟爱因斯沃斯在乌干达看到的一样，也分为两类：

第一类对母亲的态度非常矛盾，又爱又恨，脾气非常大，怎么哄也哄不好。爱因斯沃斯把这一类安全感较差的儿童取名为"矛盾型"（ambivalent）或"抗拒型"（resistant）孩子。这类孩子的特点是情绪极度不稳定，对妈妈的离开非常敏感，对不安全的感觉不耐受，时时刻刻盯着妈妈。妈妈的离开，尤其是未经过自己同意的分离，足以让他们沮丧崩溃。他们非常需要妈妈，想要妈妈抱，特别希望妈妈回来，但同时又排斥妈妈。这类孩子往往对陌生人非常警惕，连自己的妈妈都哄不了，就更别说陌生人了。

第二类孩子，也是最让爱因斯沃斯揪心的一类。这类孩子总是表现得异常安静。比如有个小男孩刚来到房间时，看起来很乖很听话，妈妈让干吗就干吗。妈妈在房间里坐下来假装看杂志，小男孩也该怎么玩就怎么玩，没有与妈妈互动，只是时不时会看一下妈妈。他偶尔也会停下来，看看周围环境，然后继续玩。

你可能会说，这类孩子多乖多好带啊。而实际上，他们属于典型的"回避型"（avoidant）儿童，表面上看着非常独立、听话、

271

乖巧、镇定，但根本就没有跟妈妈建立很好的情感联系，甚至有些情感淡漠与疏离。这种反应方式，让爱因斯沃斯一下想到了鲍尔比在孤儿院里看见的孩子，他们已经关闭了心门，用冷漠的方式保护自己不受伤害，以此来隔绝愤怒、悲伤、委屈、焦虑等情绪体验。

缺乏爱的代价

后来，鲍尔比和爱因斯沃斯，以及前赴后继的儿童心理学工作者对"矛盾型"和"回避型"的孩子开展了大量的研究，向世人展示出孩子缺爱的代价，以及这种代价对孩子一生的长久影响。

研究发现，矛盾型儿童的养育者最大的特点是喜怒无常。他们并不是坏人，出发点往往是好的，都是为了孩子。不过他们身上有一个共性，那就是"三不"：不温暖、不体贴、不稳定。随着孩子要求的增多，他们会变得特别沮丧无助，等情绪到达一定程度，就会开始狂暴地发脾气，这会极大地伤害跟孩子之间的依恋关系。

矛盾型依恋的孩子会觉得，自己的需求永远不会被包容，而且自己不能有情绪、不能发脾气，因为养育者的脾气会更大，这样根本无法安抚自己,无法平复怒意。也就是说,矛盾型依恋的孩子会感觉,他的情绪会让养育者"原地爆炸",而持负面情绪的养育者更加无法满足自己的需求,他们会更加急迫地试图左右养育者,令其完全符合自己的需求。因此,矛盾型依恋的孩子一方面迫切想得到陪伴、接纳、体贴,同时也希望自己的痛苦能够被包容和承接。

鲍尔比指出,如果孩子的需求没有得到满足,孩子的努力不奏效,遭到拒绝、怠慢甚至暴力,便会产生非常消极的体验,从而形成"我不配被爱,不配受到尊重,我没价值"的感觉,并且感到深深的羞耻。这时,孩子会多疑、苦闷、仇恨、暴躁,认为"我很坏",在心底埋藏着对养育者的愤恨。

然而,问题最严重的是"回避型"孩子。鲍尔比认为,回避型孩子对爱的渴望总是得不到满足,有时还会被愤然拒绝。这类孩子依恋的需求一再受挫,心怀怒火,但不敢公然发作。过去的经历告诉他,发怒只会得到更糟糕的拒绝、排斥和讨厌。于是,他们学会合上心门,就此关闭自己的依恋系统,就好像不需要爱一样。矛盾型孩子至少能一直伸着依恋的触角寻找爱,而回避型孩子则直接把触角全部斩断了。他们关闭自己的内心,其实是为了不让养育者看见自己有需求,他们表现得特别听话和乖巧,这样就不会失望和愤怒了，更不会被厌恶、抛弃，这其实是一种留住养育者、保留亲近的策略。

在人际关系中，回避型孩子总是一个人游走在关系联结的边缘，不但很难与母亲进行温暖良性的情感交流，与他人建立关系更是难上加难。回避型孩子从来不会求助，遇到问题一定是自己扛，其实他们是在表达"我不需要你"。但你真以为回避型孩子不需要爱和帮助吗？大错特错，这种孩子比任何人都需要爱、需要被看见和关注。不难想象，一个孩子的依恋需要如果始终得不到满足，心中会产生多大的愤怒。就如同一座被冰封的火山，表面上看终年积雪，寒冷无比，但内部却是"翻江倒海"的岩浆，不知道哪一天就会来一场极具破坏性的大爆发。

我见过不少这样的成年人，他们有个共同特点，那就是小时候很乖，家长不用多操心就带大了。但他们早年间也都被父母严重忽视，就像"小大人"，似乎是在没有庇佑的环境中独自长大的。他们无法信任这个世界，内心总是非常不安，也会回避与人发生有深度的、真实的联结。

有一个高二的女孩，她的父母都是世界500强集团的高管，从小对她的要求就很严格。她很早熟，自幼就很懂事，父母经常会带她参加社交活动,她在社交场合也很"给力",对长辈特别有礼貌,说话做事非常得体,让父母很满意。女孩上高一的时候,有一次因为学习成绩问题,跟父母爆发了激烈的冲突,父母不仅严厉斥责了她,父亲还打了她一耳光。从那之后,她变得异常的乖,而且不说话了,整个人变得很木讷,上课无精打采,成绩一落千丈。后来,她说什么都不肯去上学了,变得特别自卑,对周围的人充满敌意。有一次,女生母亲下班回家,看见浴室里有血迹,这才发现女孩在自己胳膊上划了几道口子,鲜血直流。再后来,她休学了,被医院诊断为严重的抑郁症。

这个女孩的故事让人特别压抑。她的自我评价很低,觉得自己一无是处,不配活在这个世界上。她说,她一直都在按照父母要求的样子活着,但她很讨厌那种所谓"精英"的感觉,觉得很假,但为了让父母开心,她不得不装成那样。她特别害怕父母生气,尤其怕爸爸打她,会让她觉得很丢脸,很没有存在的价值。

这个孩子内心的愤怒最终化成一股岩浆般的力量,集中爆发出来,直指自己。她无法处理自己的愤怒,最后用自杀的方式来表达。

英国儿童心理学家唐纳德·伍兹·温尼科特用"假性自体"

这个概念专门描述了上述这种状态，指一个人看起来特别听话守规矩，总是顺着别人的意愿行事，很会讨人喜欢，有礼貌有风度，但这不是真实的他，只是他的面具而已。这种人真实的内心世界很可能充满黑暗、荒芜甚至怨恨，而且他们缺乏创造力和生命力。

温尼科特认为，"假性自体"源于孩子早年时的不当养育，尤其是需求未能及时满足，还有一些父母只在孩子达到自己的要求后才满足孩子，这样一来，孩子就会逐渐意识到，只有讨好父母，父母才会满足自己。于是，孩子开始学会压抑真实感受，把自己变成父母喜欢的样子，并且不自知。

假性自体一旦形成，孩子就会用"自己打击自己"的方式，去维系脑海中那个"理想的自己"。比如，有些孩子一旦考试考得不理想就会要死要活，因为接受不了"现实的自己"跟"理想的自己"不一样，甚至认为自己"不优秀就不配活着"。

等孩子长大之后，他们会一直以别人的期望为标准，不会体恤真实自我的感受，只会以"应该"为原则要求自己。因为不考虑实际情况，对自己的不满很快会发展成严重的内在消耗，出现失眠、疲惫或亢奋、精神散漫等情况。有时，他们会因不愿结束一天而难以入睡；经常刷手机消磨时间，无法好好闭眼睡觉，从而透支了夜晚的睡眠时间。第二天，他们又拖着疲惫继续这个循环，最后导致作息紊乱，身心俱疲，脾气暴躁，甚至发展成焦虑症或抑郁症等精神类疾病。

活出自己生命的意义

每个人降生在什么地方、来到哪个家庭、被父母怎样养育和对待，都不由我们自己决定。尤其是那些曾被父母用不良养育方式"虐待"过的孩子，长大成人后，总不能退回去重来吧？许多人会把成年后的不顺统统怪在父母的身上，但仔细想想，这样做其实解决不了问题，时间无法倒回去重来，一味地埋怨，可能还会让问题更复杂。

那该怎么办呢？

这里，我要介绍一位奥地利著名的犹太裔心理学家——维克多·弗兰克，他的经历和方法或许对你有帮助。"二战"期间，弗兰克和他的家人（包括他的新婚妻子）一起被纳粹抓捕，关押在纳粹集中营，他的父亲不久就被饿死了。1944年，他和母亲、妻子及兄弟先后被送往波兰的奥斯威辛集中营，母亲和兄弟都死于毒气室，妻子在纳粹投降前被杀害。弗兰克则在集中营中度过了 3 年时间，并在 1945 年 4 月 27 日被美军解救。

从鬼门关回来的弗兰克，没有被残酷的现实击倒，而是基于自己集中营中的悲痛经验，发展出了积极乐观的人生哲学和著名的积极心理治疗流派。他经常引用尼采的一句话："打不垮我的，将使我更坚强。"在集中营里，弗兰克跟绝大多数人不一样，他仿佛开启了上帝视角，超脱当时的环境来观察自己，迫切地想知道在这种极端环境下，自己身上会发生什么，自己能忍受多长时间不刷牙不洗澡、严重缺乏维生素、一天只有一片面包、睡眠不足，但他活了下来，而且还比以前更健康了。

在《活出生命的意义》这本书里，弗兰克详细记录了人身处绝境时的心理变化历程，一共分为恐惧、冷漠和恢复三个阶段。

刚进入集中营的人会变得极度惊恐，因为他们根本不知道下一秒钟自己是死是活。当然，这时候人并不会立刻失去希望，而是会普遍产生对于生存的幻觉，认为自己马上会被释放，不会死，至少结果不会太糟糕，事情还有转机。弗兰克自己就是这样想的，刚进集中营时，他每天想的都是自己的书稿还没完成，什么时候能把稿子写完。

12 陌生人情景实验：
看清情感联结形成的机制

随着时间的推移，他们每天都会看见成百上千的人排着队走进毒气室，看见焚尸炉烟筒里冒出的一串串火苗。这时候，他们开始变得麻木，什么金银财富，什么地位尊严，都不重要了，只要能活下去就行。

接着，心门开始关闭，他们变得非常冷漠，就像死人一般没有一丝情感，对周围的死亡已经习以为常。如果看到有人被鞭打，甚至被枪打爆头，他们只会呆呆地看着。一个刚刚还在跟自己交谈的人，可能没过多久就变成一具尸体被拖走。他们会在搬运尸体的时候，看看这个死人身上的鞋子是不是更合自己的脚，如果合适，则会毫不犹豫地拔下鞋子给自己穿上。

这个时候，他们最关心的，就是每天能不能在吃饭时多分一点豌豆和面包，大家在一起讨论最多的话题就是吃。他们开始变得迟钝，对任何事都不关心。其实，这正是人在极端环境下生出的自我保护机制，在绝望时用冷漠的外壳把自己的内心包裹起来，让自己的感受力变得迟钝，免得受到外界刺激，这就是人们内心的原始水平——与生存无关的任何东西都可以被忽略。

然而，集中营里的人们虽然冷漠，对死亡麻木，但却极其害怕做决定，因为每一个决定都是关乎生死的，需要在几分钟内拿定关乎自己生死的主意，就像在遭受地狱的折磨，他们宁可逃避不做决定，听从命运的安排。

人们还经常把对生命的渴望压抑到潜意识中，并且在梦中进行表达。弗兰克在书中就提到，有个人梦见战争会在 1945 年 3 月 30 日这天结束，他能重获自由。他认为这个梦是上帝给他的启示，并对此深信不疑。结果，随着这天的临近，战争并没有结束。到了 3 月 29 日，这个人突然发高烧并陷入了昏迷，第二天就死了。这是因为他突然失去希望，免疫力急剧下降，引发了伤寒。

弗兰克发现，在 1944 年的圣诞节到 1945 年元旦之间，集中营中的死亡率是最高的，多数人会天真地以为能在圣诞节前回家，但随着希望的破灭，他们真的绝望了，最后死去。

如果集中营的人重获自由了，他们会好起来吗？也不会。就算重获自由，他们也不会高兴，而是会饱受心理创伤的折磨。这些刚刚从死亡边缘挣扎回来的人，从极度紧张的状态中松弛下来后，往往并不相信自己已经自由了，而是认为自己还在做梦，他们感觉不到快乐，丧失了幸福的能力。

实际上，当巨大的压力消失后，人们反而会有危险，就像潜水员没有经过减压快速从深海上浮到海面时身体会受到很大损害

12 陌生人情景实验：
看清情感联结形成的机制

一样，从集中营中走出来的人，也会出现心理危机。

弗兰克发现，那些和他一样侥幸活下来的人，会变得非常有戾气。有人在走出集中营后，会故意损坏别人的麦田，并且振振有词："我的妻儿都死了，我也差点死掉，你们知道我经历了什么吗？踩扁几根麦子又算得了什么？"有些人回到家中，发现家人全都死了，绝望后便选择了自杀。

这一阶段，其实是集中营出来的人最难过的一关。

然而，在集中营里，有些看似身体虚弱的人却活了下来，而且在战争结束后活得很精彩，这又是为什么呢？这是因为他们把恶劣的外部环境转化成了丰富的精神生活，在痛苦中找到了生命的意义。而不是向自己的潜意识妥协，选择逃避、回归母体或者走向灭亡。

要知道，集中营死去的人中很多都不是被杀死的，而是自杀或者病死的。而那些知道自己还有某项使命没有完成的人最有可能活下来。比如弗兰克，在进入集中营后，没人在乎他叫什么，没人在乎他的身份地位，他只是一个号码为119104的囚犯。他的一部未完成的书稿也被没收了，在他一无所有的时候，正是对妻子和家人的思念和对完成书稿的渴望支持着他战胜了严酷环境，这也是他在集中营生活中找到的生命意义。

人们一直拥有自我选择的自由，是选择抛弃生命，逃避躺平，还是把苦难当成磨刀石，把忍受痛苦转化成对内在力量的考验，不同的选择，使人生有了不同的意义。只有极少数人能够将困苦的环境看作自我完善的机会，通过自我超越，达到人生意义的新高度。懂得在承受所有痛苦之后，再也不用恐惧任何东西——这就是从集中营归来的幸存者最珍贵的体验。

从某种意义上来说，如果人们能够看到未来的某个目标，就能够唤醒他们内在的力量。那么，我们如何才能做到呢？

弗兰克给了三种解决方案。第一种是全身心投入某项事业中去，这项事业不是为了钱，也不是为了名利，就是单纯地喜欢，而在你投身事业之后，自然就会获得金钱和名利这些副产品。与此同时，你还会获得内心的充实。

第二种是直面苦难，感受当下。比如此时此刻，你正处于抑郁或者焦虑之中，你要做的，不是想办法让自己不焦虑、不抑郁，因为这样做只会让你越来越痛苦。你要做的，就是承认现状，去感受自己的抑郁或焦虑，感受自己的痛苦情绪，与它们共存。如果你真的坚持这样做了，一段时间后，你就会感到无比释然，并

12 陌生人情景实验：
看清情感联结形成的机制

且会开启你的"上帝视角"。你会开始审视自己，找到生命的意义所在。

第三种是去爱某个人，这是弗兰克在集中营时领悟到的。有一次，弗兰克在一个寒冷的早晨，被看守拿着枪托驱赶着前往工地，脚上的冻疮让他每走一步路都非常艰难。但这时，他想起了自己的妻子。他希望妻子在集中营中比自己过得好些，不会经历这些事情。就是这个时候，他领悟到，对一个人的爱可以远远超过爱她的肉体本身。无论爱人是否在场，是否健在，都不影响爱在精神层面上的含义。在集中营这种生活极端匮乏、人们高度紧张并且一无所有的环境里，哪怕是对爱人片刻的思念，都可以让人领悟幸福，获得精神上的满足。

弗兰克把爱定义为人类终身追求的最高目标，是领悟生命意义的一种方式。这种爱，是真正站在对方的角度去了解和感受对方，为了对方着想，而不是以自我为中心。弗兰克认为，只有在深爱着一个人的时候，你才能完全了解这个人，了解他的本质，了解他的潜能。可以说，爱是直达另一个人内心深处的唯一途径。通过爱，你还能够帮助对方认识到他的潜质，从而实现他的全部潜能。

有一次，一个患有严重抑郁症的老先生找到弗兰克，说两年了，他还是无法接受妻子去世的事实。这个老先生爱他的妻子胜过世间的一切。

弗兰克就问这位老先生："如果你先于太太去世了，那你的太太会怎样？"

老先生说："啊，那她怎么受得了！"

弗兰克马上说："对呀，虽然你现在很痛苦，但是你是在替她受苦。"

这位老先生立马释然了很多，因为他的痛苦变成了对妻子的奉献。弗兰克帮他找到了这件事的意义，一旦找到做事的意义，痛苦就不再是痛苦了。

实际上，能否找到做事的意义，关键看你自己的选择。比如有个女孩子喜欢一个男孩子，很想和他交往，但特别害羞，一直不敢表白心意。女孩还表示，一旦治好脸红恐惧症，马上向他告白。

如果我告诉你，这个女孩的父母从小对她非常严格，经常用非常刻薄的语言羞辱她，那我估计你的第一反应会是归因，觉得

12 陌生人情景实验：
看清情感联结形成的机制

这个女孩因为她的父母遭受了心理创伤，才会变成今天这样。但你找到了原因，然后呢？难道这个女孩就一点办法都没有了吗？

我来告诉你，这个女孩的不幸是她自己选择的。你可能会觉得我太没有同情心了。别急，我继续往下说。其实，目前对女孩来说，她最害怕、最想逃避的事情，就是被自己喜欢的人拒绝，是失恋可能带来的打击和自我否定。但只要有"自己总是脸红"这件事存在，她就会想"我之所以不能和他交往，都是因为我有脸红的问题"，这样就可以不必鼓起勇气去告白，即使被拒绝也可以说服自己。更重要的是，她可以抱着"如果脸红好了，我也可以拥有爱情"这样的想法，她实际上一直活在幻想中。

也就是说，现在的你之所以不幸，正是因为你亲手选择了"不幸"。你之所以无法改变，是因为自己下了"不改变"的决心。

你应该做的，是打破自身的闭环，让你的行动和思想统一。比如说，你赞扬别人，就会不自觉地想要对方接受你的赞扬；你向别人道歉，就会特别关注对方是不是会原谅你。

其实，这些都不重要，重要的是，你自己心里要相信，这么做是对的，这样做是有意义的，因为生命的意义一直都在自己的心中，都在指引你去做最真实的自己。

哲学家尼采曾经说过一句名言——"如果你知道为什么活着，那么你就能生存。"人对意义的追求，会在内心产生一股精神动力。精神动力是对生活最好的支撑。找到了意义，痛苦也就不再痛苦了。即便在极端环境下，人们依然可以自由选择内在心境，最高境界的人可以把忍受痛苦转化成对内在力量的考验，这就使他的人生具有了非凡的意义。生命的意义，在每个人的每一个阶段都不一样，每个人都有自己独特的使命，他人无法替代，你必须自己找到。

当然，如果你已经为人父母，正在抚养自己的孩子，那我还是真诚地建议你用心爱你的孩子，把自己的爱毫无保留地给孩子，而不是天天盯着学习成绩。要知道，你和孩子的情感联结更重要。